浜松基地自衛官人権裁判を支える会 編

自衛隊員の人権は、いま

社 会 評 論 社

はじめに

この本は航空自衛隊浜松基地自衛官人権裁判とその裁判を支える会の活動から編集された。浜松基地人権裁判の提訴は二〇〇八年四月のことであり、勝訴判決は二〇一一年七月のことだった。はじめにその経過をみておこう。

二〇〇五年一一月一三日、浜松基地の自衛官のSさんが生まれたばかりの子と妻を残して自殺した。それは隊内での先輩隊員Nによる度重なるいじめ（パワハラ、人権侵害）によるものだった。Sさんの父は元自衛官であり、その親族にも自衛官がいた。Sさんは一九九五年に自衛隊に入り、浜松基地の第一術科学校整備部動力器材班に配属された。配属されたころからNによるいじめがあった。Sさんは二〇〇四年の四月から七月までイラク派兵要員としてクウェートに派遣されたが、帰国するとNによるいじめはいっそう激しいものとなった。そのなかで、Sさんは自宅のアパートで亡くなった。二九歳だった。

遺族はSさんが自殺する前から、Nによるいじめの情報を得ていた。また、Nの行為は自衛隊内部でも問題になっていた。事件直後に自衛隊（第一術科学校）は「隊員（N）の規律違反」を調査し、その報告書は二〇〇六年八月七日付で出されている。

その報告書によれば、Nの被疑事実としては、二〇〇四年三月頃、権限なく外出止めを指示して身分証明書を保管したこと、二〇〇五年三月頃、反省文を一〇〇枚書くか辞表を書けと指示し、本人の前で反省文を後輩隊員に読ませたこと、二〇〇五年五月頃から一一月までの間、叩く・殴るなどの行為や「死ね、やめろ」等の暴言を吐いたこと、二〇〇五年五月には、飲酒運転の罰として際限なく飲酒を禁止したことなどがあげられていた。実際にはこれ以外にも多くの人権侵害が重ねられていた。

この調査報告では、Nの行為は自己の権限を超えるものとされ、指揮権に基づく命令と服従を根源とする自衛隊においてはあってはならない行為であり、また通常の指導行為を逸脱した行為も含まれ、それゆえ相応の処分が必要とされていた。その結果、自衛隊はNに対して、亡くなってから一年を経た二〇〇六年一二月に、「行き過ぎた指導」を理由に停職五日間の処分を出した。

他方、遺族はいじめを認知しようとしない自衛隊側の対応に不信感を持ち、両親は真相究明のため早くから国に対する訴訟提起を決意していた。一方妻は、二〇〇六年七月、N及びその上司二人を相手に、夫の自殺がいじめによることを認めてほしいと民事調停を申し立てた。しかし、Nらはそれを認めず、一〇万円の見舞金を提示した。このようなNらの不誠実な対応から、妻も国に対する裁判を決意し、二〇〇八年四月一四日、両親、妻、長男の四人が原告となり、静岡地裁浜松支部への提訴に至った。

そこには真相が自衛隊という軍事組織の闇の中に隠され、Sさんの尊厳が侵されたままにされていることへの遺族の強い怒りと亡くなったSさんへの深い愛情があった。

この二〇〇八年四月の提訴から二〇一一年三月の結審まで、計二一回の弁論がなされた。裁判が始まると、裁判支援の傍聴が取り組まれるようになり、二〇〇八年一〇月には浜松基地自衛官人権裁判を支える会が結成された。結成集会には「さわぎり」や「たちかぜ」など各地の自衛隊人権裁判の原告も参加し、原告としての熱い思いを語った。二〇一〇年一二月には公務災害が認定された。二〇一一年六月には裁判勝利に向けての全国集会が開催され、七月一一日には、静岡地裁浜松支部で勝訴判決が出された。同月、国側は控訴を断念し、判決は確定した。

以上が浜松基地人権裁判の概略である。

本書はつぎのように構成されている。

第1部は、二〇一一年六月四日に浜松市内で開催された「自衛官人権裁判に勝利を！全国交流集会」での発言がもとになっている。この集会は七月の判決を前に、浜松の裁判と全国各地の自衛官人権裁判の勝利をめざして開催された。ここでは、全国各地の裁判の状況と今後の課題が提示された。

第2部には、浜松基地自衛官人権裁判の内容、勝訴判決の意義、裁判と支援運動の経過などが記されている。ここでは浜松裁判の弁護団による詳細な分析と原告や支援してきた人々の思いが記されている。

第3部には、自衛官の人権確立に向けて裁判をふまえての考察が記されている。現在の軍拡を取材しての自衛官の人権の状況、人権侵害裁判の支援や遺族の取材からみえてきたこと、自衛官—市民ホットラインの経験から考えたことなど、さまざまな視点から自衛官の人権確立の意義が記されている。

六・四全国集会には、札幌の人権裁判の原告から「自衛隊に人権が認められ、市民の目が行き渡り、隊員一人一人が巨大な組織の力から解放されたとき、自衛隊という組織は新たな局面に立つのではないでしょうか。もしみなさんの傍に、自衛隊で働く人がいたら、『私はあなたの味方だから、何かあったらいつでも相談してね』と声をかけてあげてください。きっとその一言で、私たちのように立ち上がれる人がいるはずです」というメッセージが届けられた。

その言葉を今、この本を手に取っている読者に送りたい。関心のあるところから本書を読みすすめてほしい。

自衛隊員の人権は、いま*目次

第1部●自衛官人権裁判に勝利を！全国集会——9

第2部● 空自浜松基地自衛官人権裁判 —— 71

第3部●自衛官の人権確立に向けて――187

第1部○自衛官人権裁判に勝利を！全国集会

二〇一〇年三月四日、札幌での女性自衛官人権裁判の原告本人尋問が札幌地裁で行われ、偶然にも同日、「たちかぜ」裁判（横浜地裁）での最高責任者である艦長の出張尋問が同地裁小樽支部で行われることになった。それを機会に、両裁判の関係者のほか、佐世保の「さわぎり」裁判や浜松基地自衛官人権裁判の原告、弁護団、支援者などが札幌に結集し、シンポジウムを開催した。その場での参加者の総意で自衛官人権裁判全国弁護団連絡会が結成された。

浜松での判決を前にした二〇一一年六月四日には、同連絡会の主催による「自衛官人権裁判に勝利を！全国交流集会」が浜松市内で開催された。この交流集会は、全国各地からの裁判報告とパネルディスカッションの二部構成であった。

本書の第1部の1から5はこの集会での弁護団の裁判報告、6と7はパネルディスカッションでの基調報告である。出版にあたり、加筆を依頼した。「たちかぜ」の原告の文章は、控訴審での意見陳述文である。8は、二〇一〇年七月二九日に札幌女性自衛官人権裁判で画期的勝利判決を克ち取った原告からの集会へのメッセージである。なお、浜松からの報告は第2部でまとめた。

この集会では会場から有意義な問題提起をされた参加者も多かった。第3部には、自衛官人権裁判の取材や支援にかかわった方々の意見や感想を収録したが、この集会での発言を新たに文章化したものもある。

2011 年 6 月 4 日全国集会「自衛官人権裁判に勝利するぞ!」のコール
(写真提供「海鳴りの島から」)

1―海自「さわぎり」裁判

西田隆二

1　事案の概要

一九九九年一一月八日、海上自衛隊佐世保総監部所属三等海曹だったAさん（当時二一歳）が護衛艦「さわぎり」艦内で亡くなった。その日は、自分の誕生日だった。結婚し、子どももできたばかりであり、幸せの絶頂であったはずなのに。

この時、両親は、「自殺した」のではなく、「自殺に追い込まれた」のであって、「他殺」であると確信した。Aさんは、艦内で上官から長期間にわたる意図的ないじめ、非人道的な命令を受け、精神的に追い詰められていった。自衛隊の事故後の調査ですら、自殺する二〇日程前から「人からすぐ離れていき、鬱病的感じだった」との声があがっていたのだ。

にもかかわらず、上官らは何の手立ても配慮もすることなく、さらにいじめや無理な命令を押しつけ、ついに自殺へと追い込んでしまった。

驚くべき事だが、この事件の発生した前年の一九九八年の自衛官の自殺者が七五名にも達していた。一九九九年も六二名に達しており、Aさんはそのうちの一人となってしまった。

2　提訴に至るまでの両親の苦闘

両親が提訴にこぎ着けるまでの道のりは決して平坦ではなかった。後に詳しく紹介するが、海上自衛隊は、事件後すぐに「事故調査委員会」なるものを立ち上げ、独自に「調査」を行い、Aさんの個人的資質の問題であり自衛隊には責任は無い、という内容の「調査報告書」をまとめたのである。

裁判するにも、証拠は全て自衛隊の側にある。また、同僚らの証言を聞いても、こちらに有利な証言をしてくれるはずがない。素手でフル装備の自衛隊に立ち向かうことになるのである。まさに、大きな「壁」であった。当初相談を受けた弁護士も、この「壁」を感じざるを得ず、「負け覚悟の闘いになる。さらに傷を広げはしないか」といった「ミスリード」をしてしまった（実は筆者である）。

それでも、両親は動じなかった。「絶対『自殺』ではない。『他殺』だ」、両親はあきらめなかった。

この気持に最初に応えたのが、長崎県諫早市に事務所を構える龍田紘一朗弁護士である。もちろん、龍田もすんなりと引き受けたわけではない。在外被爆者認定裁判他多くの事件を抱えている。立証も困難を極めることは当然予測された。迷いはあった。両親の必死の思いが伝わってくる。龍田は決意した。二〇〇〇年の夏のことである。

四人の原審弁護団がそろったのはその年の秋、早速提訴の準備が始まった。まずは、海上自衛隊が作成した前記「調査報告書」の読み込みだった。用語からして分からないものが多い。マスキングもされており前後関係で推測するしかない。困難を極めた。

それでも、合宿を重ねて読み解く中で、Aさんが自己の技能練度の低さに焦り自らを追い込んでしまい自殺に

「さわぎり」裁判・西田弁護士
（6.4 全国集会）

至ったという「調査報告書」の「調査結果」の矛盾が段々と明らかになっていった。Aさんは、入隊後二年で三曹になるいわゆる中堅幹部コースを歩んでいた。一般隊員が三曹になれるのは七、八年目のことである。この差が摩擦を生むであろうことは容易に推測できた。「調査報告書」で、Aさんができなかったと指摘された業務内容の大半は何回かやればできるようになるものであった。普通の状態であればできないはずがない。仮にAさんができていなかったとしたら、それ自体普通ではない。それほど追い込まれていたということになるのである。

　そこにはいじめの存在が透けて見える。追い込まれていく過程でAさんが母親に話していた内容とも符合する（そこにはいじめの内容が赤裸々に語られている）。また、法律的視点で見たとき、仮にそれほど初歩的なことができていなかったとしたら、仮に自殺するほど悩んでいたとしたら、上官がこれに対して何らの手を打たなかったこと自体、安全配慮義務違反ではないか。

　こうして、訴状の構成ができあがっていった。

3　第一審の裁判経過

二〇〇一年六月七日、長崎地裁佐世保支部に提訴した。

なぜ両親のいる宮崎ではなく、佐世保で提訴したか。佐世保は自衛隊の町である。事件の起きた場所である。

今も苦しんでいる自衛官がいるはずだ。自衛隊のお膝元で起こしてこそ意味がある。龍田の強い意見で、佐世保提訴が決まった。その後、四年にわたって佐世保での裁判が続いた。

この間、「調査報告書」のマスキングされた部分の開示を求め、また、裁判所に、護衛艦内の狭さ・雰囲気を体験してもらうために検証の申立を行った。正式な検証としては採用されなかったが、艦内で裁判の進行の協議を行うという位置づけで、事実上艦内の検証を実現した。もちろん弁護団も初めての体験であったが、予想以上に狭く、圧迫感を強く実感させるものであった。

並行して、母親がAさんとのやりとりを残していたメモにもとづき、事実関係を詳細に綴った陳述書を作成した。

そして、証人尋問である。自衛隊の主張は、Aさんが自己の技能練度の遅れに焦り自らを追い込んでしまったことが自殺の主要な原因としているのだから、当然ながらそのような事実の有無、評価の妥当性が問題となり、前提事実を確定すべく、隊員の証人尋問にこだわった。大半の氏名が分からないことから、「調査報告書」に出てくる隊員を記号で特定した。一八人もの証人申請となり、裁判所は困惑した様子であった。

何が出てくるかよく分からない中で手探りの尋問となることが予想され、裁判所がどこまで採用するか懸念されたが、それでも八人の証人尋問が採用された。毎回傍聴席が埋まる状況、そして何より事の重さを感じたからであろう。

現役隊員の尋問は、約半年の期間を要した。徹底した事前の打ち合わせがあったであろうが、法廷でそうそう嘘はつけなかったようである。Aさんが技能練度に悩んでいるという話を同じ班の隊員が「聞いていない」と証言し、また、逆に「よく勉強していた」と証言した。さらに、「同僚ともなじんでおり、将棋をしたりしていた」とも証言した。「調査報告書」がいうように、技能練度の低さに思い悩み、同僚に相談するなどせずに自らを追い込んでしまったという人物像とはどう見てもかけ離れていた。

さらに、Aさんの妻及び相談に乗っていた妻の父母の証人申請も採用され、出張尋問も実施された。前夜に現地入りした弁護団は、仕事を終えて夜遅く帰ってきた妻Bさんと夜九時過ぎから打ち合わせをした。自ら提訴できなかった事情がある。思い出すと辛い思いがまた湧き起こるだろう。本当に尋問は可能なのだろうか。不安が押し寄せる。ところが、Bさんは気丈だった。事件後間もない時期に、いつの日か真相を明らかにするときに役立てたいと考えて作った備忘録を持ってきてくれた。驚くほど、Aさんの母親がつけていた日誌、メモと一致する。もちろん、事前の打ち合わせなどしておらず、母親はBさんの備忘録の存在すら知らなかった。その夜のうちにコンビニでコピーし、翌日証拠として提出した。

これにもとづくBさんの証言は、具体的で、どこにも作為の入り込む余地のないものであった。何より、突然夫を亡くし、以降必死で子供を守り育ててきた強さを感じさせるもので、凛として気高いものであった。

4 第一審の判決

二〇〇五年六月二七日、運命の判決の日が来た。事実上の検証をやり、裁判官は現場を見て感じたはずである。上司や同僚らの証言を聞き、「調査報告書」が述べるAさんのイメージとの乖離を感じたはずである。Aさんの妻や義父母の証言を聞き、さらにいじめの存在を具体的に感じたはずである。負けるはずがない。弁護団、何より父母の思いであった。

しかし、判決は、事実関係についてはほとんど原告の主張を認めながら、最後の評価のところで、「ある程度の厳しい指導、教育にさらされることはやむをえない」とした。また、同僚から見て、「人からすぐ離れていく。

鬱病的感じだった」こと、母に対して、最後の航海前に「明日から二十四時間やられる」と訴えていたこと、自殺する直前ロープを手にしていたAさんに対して先輩が「変なことを考えるなよ」と声をかけたといったこと等を事実として認定しながら、（個別班員は気付いたとしても）上官らがAさんの変調を気付くことは困難だったので、自殺に至ることまで予見できず、国に責任はないとしたのである。

5　控訴までの時間

一審判決の不当性は明らかであり、当然控訴となったように思われるかもしれないが、実は控訴にはさらなる苦悩があった。事実関係の大半は認められたのに、それが「指導の範囲内」とか、「自殺が予見不可能」等という理由で違法ではないと判断されたことは、両親にとってあまりに打撃が大きかったのである。裁判官の感性、受け止め方がこれほど自分達と違うのであればいくら裁判を続けても同じ事ではないか。これ以上どんな証拠が出せるというのか。両親が再び立ち上がる決意をするにはあまりに打撃が大きかったのである。

しかし、この頃両親には毎回傍聴席を埋め尽くす支援の輪が広がっていた。また、同じように子供を亡くされ、後に続いて裁判をしようという人が現れていた。横浜のTさんの両親がそうであり、浜松のSさんの両親がそうであった。既に、両親だけの裁判ではなくなっていたのである。

弁護団としても当然ここで終わるわけにはいかなかった。基本的事実関係を認めさせながら法的評価のところで敗訴となったのであるから、責任は大きい。各々の思いを抱えつつ、両親と弁護団は控訴審に挑むことを決意した。

6　控訴審での闘い

まずは、弁護団の強化を図った。それまでも、九州労働弁護団の総会や学習会で多くの団員に励ましてもらっていたが、福岡本庁での控訴審に備えて、常任弁護団として、林健一郎、原田直子、梶原恒夫、平田かおり、福留英資の各弁護士に加わってもらった。

勝つために忌憚のない議論が続いた。まず、福岡のメンバーから強調されたのが、「職場としての自衛隊」「職場環境としての人間関係」という視点である。第一審でも雇用関係にもとづく安全配慮義務違反を主張はしていたが、自衛隊の存在そのものを違憲と考える発想からは、職場という強調が弱かったもしれない。また、「ある程度の厳しい指導は仕方がない」とした裁判官の認識に対して、自衛隊の実態がいかにひどいものか、徹底して事実を伝える必要性を確認した。

このような議論を経て、控訴審では、①原審の八名に加えて、さらに、現役自衛官、元隊員二名の証人尋問を実現した。②新たに精神科医からうつ病発症の経過・自殺との関係について意見書を提出してもらった。③隊内資料にもとづき、自衛隊の組織構成、任用昇任のシステム等の問題点を明らかにした。④元自衛官で代理人になってもらった団野克己弁護士が、自らの体験にもとづき意見を陳述し、本件は起こるべくして起こった事件であることを強調した。⑤そして、最終盤には、国がどうしても明らかにしない証拠関係につき文書提出命令申立をしたところ、重要部分について裁判所が命令を発布するという前進もあった。

この間、約三年、控訴審としては異例の一二回の裁判期日を経た。

忘れてならないのは、控訴審になっても毎回傍聴席が満杯だったことである。遠く宮崎、長崎、大分から毎回支援者が傍聴に駆けつけた。文書提出命令を求めた時期には約四万筆の署名を集め、結審後の公正判決を求める署名は約六万筆を集めた。このような勢いが、証人二人の採用、最終盤での文書提出命令を後押ししたことは間違いない。こうして、二〇〇八年八月二五日、控訴審の判決を迎えたのである。

7　控訴審判決

上述した控訴審での勢いから、「今度こそ」という確信は強まっていた。しかし、第一審では、事実関係をほとんど認めたにもかかわらず敗訴だった。何せ相手は国である。しかも自衛隊である。壁はやはり厚い。期待と不安が入り交じった緊張感を伴い、判決が言い渡された。「原判決を次のとおり変更する。……」控訴審は、見事な程、第一審の判断と際だった違いを見せた。以下、要点部分を紹介する。

○いじめについて

（1）上官らの言動が違法といえるか

「一般に、人に疲労や心理的負荷等が過度に蓄積した場合には、心身の健康を損なう危険があると考えられるから、他人に心理的負荷を過度に蓄積させるような行為は、原則として違法である」

「指導の際には、殊更にAに対し、『お前は三曹だろ。三曹らしい仕事をしろよ』『お前は覚えが悪いな』『バカかお前は。三曹失格だ』などの言辞を用いて、半ば誹謗していたと認めるのが相当である。そして、これらの言辞は、それ自体Aを侮辱するものであるばかりでなく、経験が浅く技能練度が階級に対して劣りがちである曹候補者であるAに対する術科指導等に当たって述べられたものが多く、かつ、閉鎖的な艦内で直属の上司である班長から継続的に行われたものであるといった状況を考慮すれば、Aに対し、心理的負荷が過度に蓄積されるようなものであったというべきであり、指導の域を超えるものであったといわなければならない」

（2）違法性阻却事由の有無について

「ある程度厳しい指導を行う合理的理由はあったというべきであり、本件行為は、Aに対し、自己の技能練度に対する認識を促し、積極的な執務や自己研鑽を促すとの一面を有していたということができる。しかしながら、本件行為は、上記のような一面を有していたとしても、それ自体Aの技能練度に対する評価にとどまらず、同人の人格自体を非難、否定する意味内容の言動であったとともに、（略）不適切であるというにとどまらず、目的に対する手段としての相当性を著しく欠くものであったといわなければならず、（略）結局本件行為の違法性は阻却されない」

○安全配慮義務違反について

（1）安全配慮義務（予見可能性）の対象

「被控訴人は、Aのうつ病的症状ひいてはAの自殺についての予見可能性、結果回避可能性はなかったと主張する。しかしながら、うつ病に罹患するなどの心身の健康が損なわれた時点では、自殺等の結果が回避できなくなっている可能性もあるから、N班長が回避する必要があるのは、本件行為により心理的負荷の蓄積という危険な状態の発生そのものであるというべきであり、故意又は過失の判断の前提であり予見の対象も、これに対応したものとなると考えられ、Aのうつ病的症状ひいては自殺についての予見可能性、回避可能性を問うものではないというべきである」

（2）安全配慮義務の担い手

「N班長は、Aの属する三十二班の班長であり、いわば被控訴人の履行補助者として心理的負荷ないし精神的疲労が蓄積しないように配慮する義務を負う（略）変調があればこれに対処する義務を負っていたにもかかわらず、継続的に本件行為をなしたのであって、その注意義務違反に反し、この点もまた、国家賠償法上違法であるというべきである」

このように、きわめて明快に、上官らの違法行為を、そして国の不法行為責任を認めたのである。

8 おわりに

控訴審判決の瞬間、裁判長が小さな声で判決主文を読み上げる。「原判決を次のとおり変更する。……」。やったあ!! 原田直子弁護士が半信半疑の両親に対して、「勝ったのよ」と話しかける声が響く。法廷内外で歓声が轟いた。これまで遺族のほとんどが泣き寝入りしてきた中で、Aさんの遺族が人権侵害を訴えて立ち上がった。実に八年を要する闘いだった。本人の無念を晴らすことは当然のことだが、それに止まらず、自衛隊の閉鎖性、密室性に風穴をあける裁判になったといえる。

そして、何より、Aさんの両親と共に、横浜でTさんが、そして浜松でSさんが思いを一つにして闘い、運動は全国に広がった。当事者の思いが、自衛隊という厚い壁を打ち砕き、私達裁判に関わった一人一人に、「本質的に軍隊としての性格をもつ自衛隊に人権があるのか」という人権の本質に迫る問題提起がなされた。

自衛隊という厚い壁にひるまず立ち向かい、私達に人権の本質を考える機会を与えて頂いたAさんのご両親に心から御礼を述べたい。そして、同じく心を引き裂かれるような思いでこれに続かれた横浜のTさん、浜松のSさんにも心から御礼を述べたい。

（「さわぎり」弁護団）

2―海自「たちかぜ」裁判

岡田尚

1　一審判決――その問題点

二〇〇六年四月五日に横浜地裁に提訴した、二一歳の自衛官が電車に飛び込み自殺した責任を問う「護衛艦『たちかぜ』イジメ自殺訴訟」について、二〇一一年一月二六日、判決が言い渡された。

判決は、加害者である先輩隊員個人の不法行為責任を認めるだけでなく、国の安全配慮義務違反を認め、イジメと自殺との事実的因果関係も認めた。しかし「自殺について予見可能性はなかった」として、イジメと自殺との相当因果関係を否定し、結論として、国及び先輩隊員の賠償責任を、自殺した隊員が暴行や恐喝によって受けた精神的苦痛の範囲に限定し、四四〇万円の支払いを命じた。

判決は、三七頁とさして長文ではない。そのうち、原告らの主張を斥けたのは、①落艦長《おち》の責任を否定した二六頁から二八頁にかけての二頁足らず、②自殺の予見可能性がなかったとする三四頁からの一頁分のみである。それ以外は全て原告らの主張を認めた。

土俵際徳俵まで押し込み、もう一歩で勝訴というところまで追い詰めながら「予見可能性」という解釈の仕様によってはどちらにも転ぶ法律論でひっくり返したのである。私が「ウッチャリ」判決と呼ぶ所以である。

横浜地裁の判断枠組みは、イジメによる自殺の損害を民法四一六条二項の「特別損害」と位置づけ、損害の発生について予見可能性を要求したものと考えられる。

しかし、自衛隊にとって、隊内でイジメのような私的制裁が発生していること、閉鎖社会のなかで私的制裁によって被害者が強度の精神的ストレスを受けること、そしてここ一〇年、毎年百人前後の自殺者（これは一般の国家公務員のそれの一・五倍の率である）が出ていることからすれば、その結果として被害者が自殺する危険があることは、当然予測されることと言わねばならない。しかもこれを受けて隊内ではメンタルヘルス教育が重視・実施されているのである。これは、上記危険性を知るが故の措置であり、「十分予見可能性はあった」とする証左以外の何物でもない。

「たちかぜ」裁判・岡田弁護士
(2011年1月)

判決は、そこで起きている事実は「否定できない、目をつむることはできない」ことから、「自殺の予見可能性」という法律論に逃げ込み、自殺についての自衛隊の責任を免責したものであって、厳しく指弾されなければならない。

2　事案の概要――目を覆うひどいイジメの実態

判決の不当性は、以下の本件事実の具体的内容を見れば、多言を要しない。

自殺したT君は、小学校時代はサッカー、中学・高校時代はバレーボール、と集団のなかで生きることに大きな喜びを見出すスポーツマンであり、一方ロックバンドGLAYのファンで、独学でギターを習得し、また英語も好きで、小学生のころから英語教室に通うという精神の柔軟さと積極性を合わせもち、自衛隊に入隊する一年前には、単身カナダへ留学するという勇気も持ち合わせていた。

そんな少年・青年時代を過ごした若者が、自衛隊に入隊し四か月にわたる教育隊における厳しい教育、訓練にも堪えることのできた若者が、護衛艦「たちかぜ」に配属されたそのわずか一〇か月後の二〇〇四年一〇月二七日、京浜急行立会川駅のホームから飛び込んで自殺した。

T君の少年時代から自殺をするまでの短い二一年余の生き方を見たとき、死の一〇か月前の「たちかぜ」配属こそが、自殺の原因をつくったことは疑いようがない。「たちかぜ」でT君が遭遇したもの、それが彼に死をもたらしたのである。T君は自殺の直前、手書きの遺書を書き残した。その内容は、「たちかぜ電測員S二曹へ　お前だけは絶対に許さねえからな。必ず呪い殺してヤル。悪徳商法みてーなことやって楽しいのか？　そんな汚れた金なんてただの紙クズだ。そんなの手にして笑ってるお前は。紙クズ以下だ。」「S二曹よ、お前だけはぜったいに呪い殺してヤル」というものであった。

語気荒く、鋭く、自らの死の「犯人」を特定し、「犯人」がT君になした所業の一端を告発しているのである。本件の際立った特徴は、「たちかぜ」に乗艦する一〇か月前までは露ほども自殺に結びつく要素を有していないT君が、このように「犯人」を特定し、かつ「犯人」の所業の一端を明確に指摘した遺書を残して自殺した、というところにある。

加えて、名指しされた「犯人」は、T君のみならず同僚たちにも、日常的に電動ガンやガスガンで人体を撃ち、暴行を加え、傷害を負わせ、更に恐喝までして金をまきあげていたというのである。S二曹は暴行と恐喝罪で起訴され、二〇〇五年一月一九日、横浜地裁横須賀支部で懲役二年六月（執行猶予四年）の有罪判決を受け、同月二八日、自衛隊からも懲戒免職処分となった。
しかし、T君は既に死亡していることから、刑事裁判の被害者とならず、T君に対するイジメの実態は刑事裁判で明らかにされることはなかった。

3　自衛隊相手の裁判の特殊性――資料の独占と隠蔽

「イジメ」の事実もはっきりしていて、犯人特定の名指しの遺書があり、しかも死亡という結果があれば、すぐさま裁判を起こしても勝てるのではないかと、おそらくご両親は判断されていたと思う。相談を受けた私が、すぐにでも訴状を書くと思われたかもしれない。しかし私は書かず、ほぼ一年近くにわたって提訴は見送り、調査活動に費やした。

訴状は、簡単に出そうと思えば出せる。しかし、出した後に、裁判所や相手方から、こちらの調査不足故の手薄な弱点を突かれることがあってはいけない。自衛隊相手の裁判の場合、相手は閉鎖社会なので、全ての情報、資料、裁判でいう証拠は自衛隊が独占している。原告らにとっては、まずそれを事前にどこまで我物とするか、が問われる。

S二曹の刑事裁判で、彼が、今生きている誰かに何をやったかについてはそれなりに判明した。しかし「自殺して、この世にいないT君に関しては、暴行や恐喝の事実を被害者本人の口から証明出来ないから」という理由からか、公訴事実の対象からはずしている。もちろん、殺人でも起訴するのだから、被害者が死亡していても、証拠上明らかなら起訴は可能だ。

私は、自殺の原因、責任が、自衛隊サイドにあるという事を知っているが故に、それが刑事裁判によって明らかになることを予め防止するために、敢えてこのT君に対する被害事実を検察は起訴しなかったのではないかとさえ、思わずにいられない。

刑事裁判の中で明らかになっていることは、実態のなかのほんの僅かな部分にすぎない。結局、T君は何をやられたのか、誰がやったのか、それが、誰の責任なのか。しかも我々は、単に、イジメられたということの責任を問うているわけではない、自殺に追い込んだことまでの責任を問うているのである。そうすると「誰が何をやって、それが自殺にまで至らしめるものであったかどうか」を立証しなければならない。自衛隊による事故調査報告書は結局、「イジメがあったことは確かであるが、それが果たして『自殺にまで結びつくものなのかどうか』という因果関係はわからない」と結論付けている。

つまり「自殺に対する責任は自衛隊サイドにはない、それは本人が自分で選択した行為であって、自衛隊に責任はない」というまとめになっているのである。だから「自殺に対する責任を問う」という裁判提訴は、そう簡単にできるわけではない。

この裁判は、やる以上は絶対に勝たなくてはいけない。そのためには提訴するまで我々にはやることがある。敵は必ず証拠を隠す。その時に、私たちがどうやって具体的な事実を立証していくのか。提訴したら、向こうは貝になる。同僚の自衛官も貝になる。「今のうち、みんなが同情しているときに、お父さん、お母さんが同僚の所に自分で足を運んで、その事実をつかんでください。弁護士が行ったら、向こうは警戒します。申し訳ないが、自分で行ってください」と私は冷たく言い放った。一方、情報公開請求で可能な限りの資料を集めようとした。

そういう形で「何があったのか」という具体的な事実を掌握する作業を始めた。何人かの同僚から貴重な供述を提訴前に取ることもでき、ジャーナリストからも多くの情報を得た。情報公開は、ほとんど我々が欲しいものは出ない。出たとしても黒塗り。ページのほとんどが真っ黒になっている。でも一部でも明らかになると色々な推測は可能となる。

そういう作業を経て、いよいよゴーサイン、提訴に踏み切る決断をした。しかし、提訴の前に、「情報公開でダメだったものをもう一回なんとか得よう」と裁判所に証拠保全の申し立てをすることにした。

情報公開というのは、遺族だからといって特別に公開してくれるわけではない。そこで、提訴前、二〇〇五年一二月二八日に証拠保全を申し立てた。証拠保全となれば、一般の人が「情報を見たい」というのとは違う、「殺された自分の息子のために裁判を起こす。その証拠を隠したり、改ざんする可能性があるじゃないか。だから裁判所がちゃんと保全しなさい」という申し立てである。

裁判所は翌年の二月四日にあっさりと却下した。分かりやすく言うなら「自衛隊ともあろうものが改ざんをするということはないだろう」という、自衛隊に対する裁判所のこの上ない信頼に基づいた判断であった。「都合の悪いことは隠蔽する一番の組織だろうが」と言いたいところであったが……。

二〇〇六年四月五日に本訴を提起し、第一回口頭弁論期日は、五月三一日だったが、その前の五月二九日に文書提出命令を申し立てた。

敵の中に全ての情報がある。それをどうやって明らかにしていくか、というところから始めなければいけない。因果関係はそう容易く証明されることではない。この裁判が容易なものではないことを、準備を重ねる中で再確認してきた。しかし、一度たりとも「この裁判を辞めよう」と考えたことは、原告のお父さんお母さんも私もなかった。「このくらいの事実関係の把握では無理だ、裁判はあきらめよう」と考えたことは一回もない。それは、この問題のもっている重要性と、ご両親の想い、そういうものを具体的な場で主張できる、あるいは追及できるという場は、残念ながら訴訟しかないからである。裁判は闘いの一手段で、要求獲得の全てではない。しかし、「そこで何が起き、何が息子を死に追いやったのか、それを見極めたい」というご両親の想いを実現するには

「裁判」という手続きを選択するしかない。

自衛隊は、民間と違って構造的に閉鎖社会、特に海上自衛隊の護衛艦となると出港すれば密室みたいなものだ。そこで先輩隊員にイジメられても誰にも訴えられない。訴えること自体が新たなイジメを生む。しかも、イジメられているのは一人じゃない。隣の同僚も同じようにイジメられている。そのことを告発できない自分がいる。そして、ときにそんな構造のなかで、自分もイジメる側に回る。その面では、イジメの被害者であると同時に、加害者でもある。仮に上司に訴えても「それも指導や訓練の一環だ。そんな弱くていざというときに敵とたたかえるのか」と言われるのがオチ。救いのためのセーフティネットがない。

「そんなら自衛隊辞めればいいじゃないか」と言う人がいる。しかし、自衛隊というところは、辞めたいから簡単に辞められるというところではない。結局、自衛官は追い詰められ、出口がなくなる。追いつめられ、自ら死を選ぶ。

判決は、このような構造を全く理解していない。

4　裁判の意義——自衛隊は憲法違反なのに？

エンゲルスの小論文「猿が人間になるについての労働の役割」の最初のページに「労働は人間生活全体の第一の基本条件であって、しかもある意味では労働が人間そのものを作りだしたと言わなければならない」というくだりがある。そしてこれはこの論文の結論でもある。

人間を人たらしめるのは、労働である。「働くということは生きるということであり、生きるとは、結局、人間とはなにかを考えることに他ならない」（黒井千次）。

私は、弁護士三七年、「労働弁護士」として生きてきた。今も一線にいると自負している。私にとって、たとえ自衛隊であろうと、そこで「働く」人たちの人権や命がないがしろにされることは許されない。

私は、自衛隊は憲法違反の存在だと考えている。今のような軍備を持ち、日米安保条約の下、アメリカと一体となった軍事体制のために機能している自衛隊はなくさなければならないと思う。しかし、そのことと自衛隊のなかで働く自衛官の人権を守るということとは別問題だ。正確にいうなら別問題ではないどころか、深く繋がっている問題だと思う。人が個人的恨みもないところで人を殺すことは正常な神経ではできない。国や愛する人を守るためという大義名分を持つなかで、他人の生命に対する想像力を失っていくのである。

人間を「物化」しなければ、恨みもない人は殺せない。人間の「物化」を防ぐ最善の措置は、人間を人たらしめること。人たらしめるために必要なことは、その人の基本的人権が守られること。自分の基本的人権が守られ、人権の尊さが肌身にしみた人は、他人の基本的人権にも想像力が働き、その人の基本的人権も守られねばならないと考えるはず。恨みもなく殺そうとする相手方にも人権があると頭にひらめいたら、人は殺せない、と思う。

私は自衛隊を憲法の精神に沿って軍隊という人を殺す集団から、真の意味で国や人を守る集団に変えていくために、本件のような、自衛隊内の自衛官という生身の人間の人権を問う裁判が重要だと思う。

私は、「九条かながわの会」の事務局長をしている。二〇一〇年一〇月九日「やっぱ九条 in ヨコスカ、基地の街で平和を考える」というイベントを開催した。そのなかで塩沢忠和弁護士や三宅勝久さんにも出席してもらって、「憲法九条と自衛官」というテーマで話し合った。九条と自衛「隊」については、これまで議論されてきた。しかし、「憲法九条が自衛官の命と人権を守っていると考えたことがありますか」という問いかけは、これまでの護憲運動に欠けていたのではないか、と思う。

私が「たちかぜ」裁判を担当することになったのは、「さわぎり」裁判の担当弁護士であった鹿児島の井之脇

「たちかぜ」判決記者会見（2011年１月）

寿一弁護士の紹介であった。浜松基地人権裁判弁護団の責任者である塩沢弁護士については、故吉岡吉典元参議院議員から相談を受けて、「浜松なら塩沢弁護士しかいない」と私が紹介した。「さわぎり」裁判のご両親が、孤立無援のなか、決然と裁判に起ち上がり、一審で敗訴判決を受けながらも、頑張ってこられた成果が、今日のようなものとして実現したことに、心から敬意と感謝とそして喜びを感じる。何もない池に、投げられた波紋は広く深く、熱く、着実に拡がっている。

「たちかぜ」裁判が、早期に東京高裁で逆転勝利判決を勝ちとり、波紋をさらに大きく拡げ、確たるものとするための一助となるよう奮闘する決意である。

（「たちかぜ」裁判弁護団）

3―「たちかぜ」裁判控訴審での意見陳述

「たちかぜ」裁判原告　母

私たちの前から突然息子がいなくなって、間もなく七年になります。この間、息子のことを考えない日は、一日としてありませんでした。

私は、息子だけでなく、裁判を提訴してから四年四か月の間に、夫と義父とを相次いで喪いました。息子が生きていれば、夫も義父も、あのように失意に打ちひしがれ、病状を悪化させ、寿命を縮めることも無かったと思います。

けれども私は、息子に、夫に、必ず勝利の報告をできると信じ、無念の想いだけを抱いてこの世を去った夫の遺影を胸に抱いて、一月二六日の判決日に臨みました。しかし、結果は信じられないものでした。

裁判所は、イジメと息子の自殺の間に事実的因果関係があったと言ってくれましたが、自殺の予見可能性が無かったという理由で、息子の自殺について、加害者と国の責任を認めませんでした。けれども、予見可能性ということを問題にするならば、自衛隊の幹部達が、部下の苦しみについて見て見ぬふりをして、上官に報告もせず放置しておけば、自衛隊は責任を免れられる、私には、横浜地裁の判決は、そんな判決だと感じられました。

自殺するまで、どんな苦しい思い、辛い思いをしてきたか、死んでしまった息子は、もう何も話すことはできません。これでは、息子は浮かばれません。

自衛隊に入らなければ、息子は今も生きていたのです。

普通の職場であれば、ミスをしたというだけで、殴られたり、蹴られたりすることはありません。先輩が、職場で、自分の気晴らしや退屈しのぎに、毎日のように、電動ガンやガスガンで撃ってくるなどということはありません。

裁判の中で、国の代理人や自衛隊の幹部たちは、息子が受けていた暴行が、ひどい暴行では無かったかのように言っています。けれども、息子に向けられた電動ガンやガスガンの威力は、大の大人が痛い、痛いと泣き叫び、体にゴルフボールほどの大きさのアザを作るものだったのです。

その暴力を背景に、被告のS二曹は、息子からお金を奪い取っていました。息子の遺書からも、また、息子と同じように「たちかぜ」艦内で先輩から名義貸しの被害を受けていた同僚のK君が、「T君の通帳を見た時、あっ、自分の通帳とお金の動きが一緒だと思いました」と私に語ってくれたことからも、S二曹が暴力によって息子の逆らう気力さえねじ伏せ、息子からお金を奪い取っていたことは容易に想像できることです。

私や家族だけでなく、息子を知る人にとって、努力家でコツコツとお金を貯めて、家族にプレゼントを買ってくれるようなあんな優しい子が、自分から借金をするなんて、とても信じられません。私は息子に、「一生懸命働いて頂いたお給料なのだから、大切に使いなさいね」と話したことがありました。息子はお金の大切さを知っているからこそ、遺書にS二曹のことを紙くず以下だなどと書きなぐったのだと思います。

息子の最期の心の叫びであるこの遺書を、どうか深く読み取って下さい。そして、毎日電動ガンやガスガンを向けられ、暴力に脅えながら仕事をしなければならない職場の辛さと異常さを、どうか想像していただきたいのです。

人は、明日に希望を持つことができれば、今が辛くても耐えることができます。死を選ばなくてはならないということは、それだけ辛いことが起きていたということです。
自衛隊では、長い年月にわたってイジメの実態が隠蔽されてきました。そのことが、今も続く多くの犠牲につながっています。私は、この闘いが、自衛隊の体質を変えてくれること、自衛官の自殺という悲しい出来事の根絶につながることを願って、ずっと悲しみに耐えてきました。裁判官の皆様が、息子の心の叫びや私の想いを聞いていただき、更なる審理を尽くしていただきますことを、心からお願い申し上げます。

（二〇一一年一〇月五日の控訴審・東京高等裁判所第二三民事部での陳述）

4――陸自真駒内・「命の雫」裁判

平澤卓人

1　「徒手格闘訓練」中に死亡

二〇〇六年一一月二二日、札幌市の真駒内駐屯地において自衛隊員として勤務していた二〇歳の青年である島袋英吉さんが死亡した。

島袋英吉さんは、一九八六年八月二八日に沖縄県で生まれた。高校までは沖縄で過ごし、吹奏楽部に所属してトランペットを演奏していた。運動は得意ではなかったが、平和への関心が強く、中学二年生の時には、戦争と平和を考える「中学生ピースサミット」に学校代表として参加した。

高校卒業後、一八歳で陸上自衛隊に入隊し、那覇駐屯地教育隊にて訓練を受けたのち、陸上自衛隊第十一旅団第十一後方支援連隊輸送隊に配属され、札幌市南区真駒内一七番地所在の真駒内駐屯地において、一等陸士として勤務してきた。

死亡する前日である一一月二一日午後、島袋英吉さんの家族のもとへ、自衛隊員から電話があり、「英吉くんのお父さんですか？　英吉くんが訓練中に怪我をしました」「意識不明です。重篤な状態です」と告げられた。驚いた家族が、飛行機で北海道に向かい、翌日二二日午前、札幌市内の病院に到着した。

両親が到着した時には、島袋英吉さんは集中治療室で全身に医療器具が張り巡らされている状態となっていた。自衛隊員からは「格闘訓練中に頭を打ちまして」「徒手格闘という、テロ対策のために数年前から取り入れられた訓練です」「英吉君は優秀な隊員でしたので、この訓練もできると思いました」などと説明がされた。

その後、島袋英吉さんの容体は回復せず、一一月二三日午後二時四五分に亡くなった。享年二〇歳であった。一一月二四日、真駒内駐屯地東体育館において葬送式が行われたが、自衛隊では部隊葬自体が開かれるのがまれであり、しかも今回は参列者が千人を超えるような不自然なくらい大がかりなものであった。

2　死亡原因の解明

自衛隊は、家族に対し、訓練中の事故で後頭部を強打し死亡したと説明しただけで、詳細を明らかにしなかった。また、自衛隊は、家族を監視するような素振りを度々見せたりもしていた。不審に思った家族が、翌年の二〇〇七年、島袋英吉さんの死亡について行政文書の開示請求を行ったが、島袋さんの氏名を含む開示された資料のほとんどが黒塗りにされ、死亡の原因は明らかにならなかった。その後様々なルートで追求した結果、黒塗りのない行政文書を入手することができた。

明らかになった資料によれば、島袋英吉さんの死亡は以下のような経緯によるとされている。

まず、一一月二一日午後一時三〇分に、指導する立場の隊員二名との計三名で徒手格闘練成訓練を開始した。準備運動（ストレッチ体操）、打撃訓練（パンチ、キック）、基本突きの空間訓練を行った後、グローブを装着して基本突き及び蹴りの約束訓練を三人でローテーションをしながら実施した。

その後、休憩を経て、胴突き五〇連発を行い、続いて移動しながらの基本突き、蹴りの単発技及び連続技の約束訓練を実施したとのことである。そして、投げ技からの胴突きの約束訓練を行い、島袋英吉さんが先輩隊員に対して、投げ技からの胴突きを行うこととなった。三回目の投げ技の際は、技を掛けられた先輩隊員が島袋英吉さんに対し投げ返しをした。さらに、七回目の投げ技の際も、先輩隊員が投げ返しをした。このとき、島袋英吉さんは、疲労と倒れた衝撃で痛そうな様子であったとのことである。

そして、八回目の投げ技の際、島袋英吉さんがまたも投げ返され、これによって背中から落下し後頭部を強打し、意識を失ったとされている。遺体の鑑定を行った際に作成された鑑定書において、死亡の原因は頭部の「外傷性硬膜下血腫及びクモ膜下出血」と記載されている。

ところが、致命傷を与えたとされる投げ技の態様について、自衛隊の最初の報告書においては「首投げ」と記載されているのに対し、その後の報告書においては「大外刈り」と記載されている。その後の裁判において、国は、再び「首投げ」であった旨主張している。

「首投げ」とは、右手を相手の首に回し、左手で相手の右手を引き込み、前屈状態で相手の体を自分の腰に担ぎ前方に投げるというものである。他方において、「大外刈り」とは、相手の両腕をもち、自分の右足で相手の右足を払い、相手の頭を地面に叩きつける感じで一気に後方に刈り倒す技である。「首投げ」と「大外刈り」は、その態様を大きく異にするのである。

また、遺体に、口唇の傷害や歯の脱落、肋骨数本の骨折、内臓損傷があることが分かった。これらの怪我は、通常の訓練で想定される怪我とはかけ離れている。これらの怪我による痛みを我慢して訓練を継続できるようなものでもない。島袋英吉さんに対し、通常の訓練を超えた暴行やいじめがあったのではないかと思わざるを得ないものである。

このように、島袋英吉さんの死亡には数々の疑問がある。そのため、父親である島袋勉さんと母親である島袋律子さんが原告となり、国を被告として、二〇一〇年八月三日、札幌地方裁判所に提訴をした。また、当時の部隊の隊長については、新たに刑事告訴を行い、訓練に関与した二名の先輩隊員については、検察審査会に対する審査申立を行っている。

島袋勉さんは、息子さんを亡くした悲痛な思いを『命の雫』という書籍にまとめ、出版した（二〇〇九年・文芸社）。そのため、本裁判は、「命の雫」訴訟と呼ばれている。

3 裁判の争点と市民の支援

本訴訟は、札幌地方裁判所で審理が進められている。

私たちの主張は、遺体の損傷からすると、明らかに訓練の範囲を逸脱した暴行があったと考えざるを得ず、仮に、国の報告書のような事故であったとしても、受け身の習熟が不十分な島袋英吉さんに対し投げ返しを行うことは非常に危険であり、当時訓練をしていた隊員らに重大な注意義務違反があるというものである。

これに対し、国は、試合中に起こり得る事態を想定した訓練を行うことが、試合における危険を回避するために合理的な方法であり、かかる訓練方法を選択した点に安全配慮義務違反はないこと、自衛隊員に故意・過失及び違法性がないこと、損害賠償請求権が時効により消滅していることを主張している。

本訴訟において、多くの弁論期日において、島袋勉さんと島袋律子さんらご家族がはるばる沖縄から駆け付けている。二〇一〇年一〇月一五日の第一回弁論期日においては、島袋勉さんと島袋律子さんによる意見陳述が行われ、最愛の息子を亡くした悲痛な思いを法廷において涙ながらに訴えた。

札幌と東京において、本裁判を支援する会が立ち上がり、弁論期日において、多くの支援者の方にお越し頂いている。また、自衛隊の問題に関心を持っているマスコミ関係の方も大勢お越し頂き、報告集会でも貴重なご意見を頂いている。

本訴訟において、公正な審理を求める旨の署名も多くの方々に頂いた。二〇一一年二月二五日の、第三回弁論期日においては、集まった署名合計二九六八筆を裁判所に対し提出することができた。さらに、二〇一一年四月二二日には、札幌において支援する会の結成集会を開催し、多くの支援者の方にお越し頂いた。二〇一一年六月四日に浜松で行われた自衛隊人権裁判全国交流集会においても、支援者らと弁護団で参加させて頂いた。

このように、本裁判は、幸いなことに、多くの皆様に関心を持って頂き、原告らを支援していこうという動きが広がりつつある。

4　殺人訓練の徒手格闘

徒手格闘は、銃剣格闘、短剣格闘と並ぶ自衛隊格闘術の一つであり、武器が使用できない状況でも、素手で敵を倒すために編み出されたものである。「打撃」「投げ技」「関節技」で構成される総合格闘技のような戦技とされている。一九五九年に自衛隊の訓練に取り入れられ、一九八四年からは毎年、全国大会（全自衛隊徒手格闘大会）が開催されているとのことである。大会においては、選手は、道着とシューズの他に、防具として、面、胴、左右のグローブ、左右の脛当て、股間を保護する股当てを身に付けて闘う。

徒手格闘訓練は、日本海における「不審船事案」、「九・一一同時多発テロ」、イラクへの派遣等を契機とした近接戦闘能力向上の必要性増大を受け、近年盛んに行われているとのことである。しかし、素手で相手を一撃で倒すことを目的とした徒手格闘の訓練が安全に遂行できるものなのであろうか。

『自衛隊の最終兵器　徒手格闘術&銃剣格闘術』（三修社）という本は、他の格闘との違いを次のように説明している（六二・六三頁）。

「柔道の試合では綺麗に相手を仰向けにすれば一本となるが、投げられる側も受け身を身につけているうえ、畳で衝撃が吸収され、昏倒するほどのダメージを負うことは少ない。いわゆる総合格闘技でも投げは、寝技に移行するための繋ぎ技であり、それで試合が決することはほとんどない。だが、徒手格闘の部隊は、畳の上でもマットの上でもない。野戦ならば石ころ混じりの地面、市街戦ならアスファルトやコンクリートの上である。このような場合ならば、敵が例え受け身をとったとしても致命的なダメージを受けることとなる。なるべく受け身をとれないよう投げるため地面が武器となり、敵を昏倒させうる必殺技になるのだ」。

そして、島袋英吉さんが投げられた「大外刈り」について、次のように説明している。

「足技の中で一番使いやすく威力があるのが、柔道でもお馴染みの大外刈りである。（中略）ポイントは、つかんだ手の押し、足払いのタイミングを合せ、敵の重心を思い切り崩すことである。綺麗に決まれば後頭部を地面に叩きつけることができるため、効果が大きい」。

5　訓練がイジメやしごきの隠れ蓑にも

近時、格闘訓練に名を借りたイジメやしごきが行われていると言われている。広島県江田島市にある海上自衛隊特殊部隊の「特別警備隊」養成課程では、二〇〇八年九月、二五歳の隊員が、一五人を相手に徒手格闘をさせられて死亡した。隊員一五人が交代で一人と「対戦」し、一四人目のパンチをあごに受けて意識不明になり、急性硬膜下血腫で死亡したというものである。レフリー役だった担当教官が業務上過失致死罪で罰金五〇万円の略式命令を受けたが、他の隊員は嫌疑不十分で不起訴であった。遺族は、「養成課を辞めることに対し、体罰をしたとしか思えない」として、翌二〇〇九年三月、松山地方裁判所に提訴した。

本件においては、自衛隊が提出した資料によって、島袋英吉さんは投げ技に対する受け身の訓練をわずか一日しか受けていないことが明らかになった。柔道の場合、実際に投げ技を掛けるまでに、かなりの時間にわたり段階を踏んで受け身の訓練をしている。これと比較すると、島袋英吉さんの受け身の訓練は決定的に不足していたといえる。

とりわけ、投げ技を行った際の投げ返しに対する受け身は、より高度な技術が必要とされている。このような高度な受け身の技術を会得していなかったにもかかわらず、島袋英吉さんに対し投げ返しを行ったとすれば、大きな問題があると言わざるを得ない。

弁護団では、投げ技の危険性を明らかにするため、格闘技の専門家をお招きして、実際の投げ技を再現してもらい、その連続写真を裁判所に提出している。

6　息子さんを失った両親の思い

島袋勉さんが執筆した『命の雫』には、息子を亡くした悲痛な思いがつづられている。

「希望が、絶望に変わった。英吉のために何もできない現実。何も残せない虚しさ。私は、深くて底の見えない、青い空間の中にいるような気がした。這い上がることは、許されず。ただ、彷徨うだけ。このままでは、家族は、生きる勇気を失う。英吉のために、家族のために、考えなければいけない。小さな事でもいい、英吉が生きていた証を、探そう。私は、家のベランダに出て空を見上げた。《英吉、ごめんね。英吉のために、頑張ったつもりだけど、まだ、何も残してないよね》するとと、英吉の声が語りかけて来たような気がした。『お父さん、ありがとう。私のことは、余り考えなくていいよ。お母さん、恵祐とひかるのことを考えて。皆、家族だから。嬉しかったよ。この家族に生まれてきたことが』英吉の笑顔が見えたような気がした。家族は苦しみと悲しみのどん底の世界を、生きてきました。各自、考えが違うと思います。帰らない、英吉の思い。辛い現実の連続だったのでしょう。私も、その中の一人です。あの、雪の景色が、今でも、目に焼き付いています。人はなぜ、生まれてきて、死んでいくのでしょう」(同書一四三〜一四五頁)。

「考えられないことが、現実にあると思います。戦争で亡くなる人。交通事故で亡くなる人。病気で亡くなる人。災害で亡くなる人。工事事故で亡くなる人。殺人で亡くなる人。皆、同じ命です。皆家族があったと思います。家族には、それぞれの歴史があります。人には言えない、悲しみの中で、生きる人もいると思います。私は、帰らない日々を思い浮かべ、考えています。人はこの世に何をしに来たの。人は、この世に生まれる理由があるの。人は、この世に何を残そうとしているの。人生は、辛い連続かもしれません。それでも、家族は絆を結び、幸せを探して、生きて行くと思います。親は、子供を愛し、子は、親を見て。私は英吉のいない世界を、生きて行くかと思います。命の尊さを、永遠に考えて」(同書一四六〜一四七頁)。

7　自衛隊に対するシビリアンコントロールを

本訴訟の弁護団は、佐藤博文、長坂貴之、山田佳以、平澤卓人、神保大地、橋本祐樹、池田賢太の七人で構成している。本訴訟の目的は、島袋英吉さんが死亡した際、本当は何があったのか、真実は何なのかを明らかにすることにある。そして、ご家族の方々には、自衛隊において、同じような事件・事故を繰り返させない、同じように若い隊員らが命を失うようなことはあってはならないという強い思い・願いがある。

自衛隊において、九・一一以降、イラクへの派兵等自衛隊の国外における任務がなし崩し的に増えている。そのような政府の戦争遂行政策の中で、自衛隊の徒手格闘訓練が「素手による殺傷方法」として強化されている。また、訓練の厳しさや上下関係の徹底、公私の区別の無さ、これらによる過重なストレスから、多くの隊員がいじめやパワハラにより自殺している。

自衛隊において危険な任務があるということは、自衛隊員一人ひとりの命が軽んじられてよいことを意味するわけではない。自衛隊員一人ひとりの命が尊重されなくなった時、日本が再び戦争を行う道を歩み始めるのではないだろうか。

私たちが『命の雫』訴訟で真相を明らかにし、裁判に勝利することは、島袋英吉さんも求めていた「平和」への一歩になると考える。


（「命の雫」弁護団）


【追記】

本稿脱稿後の二〇一二年一月一八日、札幌検察審査会は、当時の部隊の隊長と訓練に関与した二名の隊員の不起訴が不当であるとの議決を行った。今後の捜査において、本件の事件の真相が明らかになることを望むとともに、民事訴訟においても事実解明のための一層の努力をしていきたいと考えている。

5―陸自朝霞駐屯地事件・前橋裁判

三角俊文

1　裁判の概要

この裁判は、陸上自衛隊朝霞駐屯地において、新隊員課程の前期教育と後期教育を受けた後、東部方面輸送隊に配属となり、二〇〇七年一一月一九日に自殺した当時一九歳の少年（以下「少年A」と表記）の両親が、国に対し、慰謝料等の損害賠償を請求して前橋地裁に提訴したものである。

(一) 事実経過

少年Aは、二〇〇七年三月に群馬県内の公立高校を卒業した。高校の教員の薦めもあり、自衛隊入隊を志願し、二〇〇七年三月二九日付で採用され、朝霞駐屯地において同年六月二七日まで前期教育を、六月二八日から一〇月一八日まで後期教育を受け、その後、東部方面輸送隊に配属となった。

少年Aは、八月に帰省し、朝霞駐屯地に戻った日に、母親宛てに「自衛隊を辞めたい。美容師になりたい」というと内容のメールを送信した。さらに、八月中に、教官に対して「美容師になりたい。専門学校に行きたい」と伝えた。

そして、八月下旬から九月上旬にかけて不眠状態が続き、九月七日にはカウンセリングを受ける予定であったが、当日、少年Aが扁桃腺炎で入院していたために、カウンセリングが受けられなかった。

一〇月上旬に少年Aは、教官から除隊するには親の同意が必要であると言われたため、一〇月一四日、群馬県に戻って母親と会い、同意書の必要箇所に記入をしてもらった。その際、母親は、少年Aから一〇月末で除隊できる旨を聞かされた。一〇月一八日、少年Aは東部方面輸送隊に配属となったが、少年Aと同様、除隊を希望していたもう一人の隊員と同部屋にされた。

一〇月二三日、少年Aは、娯楽室でアイロンかけをしていたところ、上官（以下「S隊員」と表記）から、新隊員八名全員で行動するように指導していたのに少年Aが単独行動をしたとの理由で、顔面を殴打され、腹部を蹴られる等の暴行を受けた。一〇月二七日、少年AはS隊員から、二三日と同様の理由により顔面を殴打され、腹部を蹴られる等の暴行を受けた。

一〇月二九日、少年Aは、小隊長と面談をした際、小隊長から、美容師の専門学校の資料を集めるなどして、除隊後の身の振り方を周囲にアピールするようにと言われた。一〇月三〇日、少年Aは、中隊長と面談をしたが、少年Aが中隊長に対し、なぜ除隊させてくれないのかと訊ねたところ、中隊長から、除隊した後のことがはっきりしていないから（除隊させられない）という旨の回答を受けた。

一〇月三一日、同部屋となっていた除隊希望者が除隊した。一一月一日、少年Aから母親宛てに「次の就職先が見つかれば、直ぐに辞められそうだが、上官から、『仕事がなくて辞めさせるのは不安だから』と言われた」とのメールが送付されてきた。

一一月四日、S隊員は、少年Aが指導に対して口答えをしたとの理由で、少年Aの足を二回蹴るという暴行を振るった。一一月五日・六日、中隊長と面談した。

一一月一九日、朝霞駐屯地隊舎の通路上で、少年Aが横たわっているのを発見され、その後、死亡が確認された。

(二)　S隊員の刑事処分

S隊員は、二〇〇八年四月、さいたま簡易裁判所において、少年Aに対する暴行罪で罰金刑を言い渡された。

(三)　民事訴訟の提起

少年Aの両親は、自衛隊が少年Aの除隊を認めず、除隊を引き延ばしていたために少年Aに心理的負荷がかかったところに加え、S隊員からも暴行を受けるという心理的負荷がかかったために、少年Aに精神障害が発症し、それが悪化して自殺したものとし、二〇一〇年七月、国を被告として、前橋地方裁判所に対し、慰謝料等の損害賠償請求訴訟を提起した。

なお、少年が残したメモ（書証として提出済み）には「後期教育中からずっとやめたいって言っていて、初めは免許をとるまでがんばってみろと言われて何とかがんばりました。でも免許とってもやめさせてもらえず、次は教育が終わるまでがんばって……って言われて正直泣きそうになりました。でも教育で終われば区切りもよく後悔しないと何度も何度も自分に言い聞かせてがんばりました。そしたら一〇月三一日で絶対にやめさせてやるって言われてたんですけど、も（う）精神的（に）つらいです」と書かれていた。このことから、少年Aが除隊を引き延ばされたことにより精神的に追い詰められていった様子が窺える。

2　訴訟の経過

二〇一〇年九月八日に第一回口頭弁論期日が開かれ、二〇一一年八月一七日までに七回の口頭弁論期日があった。

原告は、刑事訴訟記録（S隊員の刑事事件に関する記録）、少年の残した一枚のメモ、母親の記した少年とのやり取りの内容を書証として提出した。

原告の手持ち証拠は上記のものに限られていたため、原告が被告に対し書証の提出を求めたところ、被告は第三回口頭弁論期日までに、被告が必要と認める書証として服務指導記録簿や報告書を提出してきた。また、第四回口頭弁論期日において、被告は裁判所から「裁判所からも積極的に文書を開示するように要請する」と促された。それにより、調査報告書等数通の書証を提出してきた。さらに、第七回口頭弁論期日までに、上官らの陳述書が提出された。

原告は被告に対し、少年Aの医療記録の提出を求めた。しかし、被告は、「通達により、個人のプライバシーの保護を図る観点から、遺族からの直接請求等が必要である」と主張し、提出を拒否してきた。また、被告は、原告が提出を求めた書証について、被告がこれまで提出してきた書証以外の文書は存在しない旨、準備書面において回答してきた。

なお、裁判所は被告に対し、少年Aの除隊の引延しが問題なのではないかとの心証を開示し、自衛隊が少年Aの除隊希望に対してどのような対応をしたかを明らかにするよう釈明を求めた。

それに対し、被告は、自衛隊では健全かつ精強な隊員を育成するための「服務指導」を重視し、その究極の目的は「人の育成」であるとし、隊員に対する愛情の発露から、退職をする隊員には、退職後の生活が立ちいくように積極的に就職援護を行うこととしており、本件でも、少年Aの退職意思が真摯なものか否かを確認し、退職後の生活設計の目途を付けさせるためなどという理由で、退職が遅れたのであり、少年Aの退職希望に対しては面接を繰り返すなどして真摯に対応していたなどと主張している。

3　今後の方針

被告は、これまで被告が提出した書証以外の文書は存在しないと主張しているが、原告は、現在、行政文書の開示請求を行っている。この開示請求の結果、被告が提出してきた書証以外の文書の存在が明らかとなれば、文書提出命令の申立てを検討する。被告による既に提出した書証以外の文書はないとの主張が虚偽であることも明らかになるのではないかと期待している。ただし、現在までのところ、行政文書開示請求に基づき開示された文書は規則だけである。

（前橋弁護団）

6―自衛官の人権を守る意義、その方策

佐藤博文

1　自衛隊員を襲う深刻な人権侵害

自衛隊員による事件が頻発している。一般市民に対する殺傷、セクハラ、わいせつ、窃盗などの一方で、内部においても暴行、傷害、セクハラ、窃盗などの刑事事件やパワハラ、セクハラなどに起因する退職、失踪（自衛隊では「脱柵」という）、うつ病、自殺などが多発している。

暗数という言葉があるが、情報の管理統制が徹底した組織である自衛隊では、この「暗数」が問題である。例えば、防衛省のデータによれば年間約一〇〇人の自衛隊員が自殺しているが、これは在職死亡者の数である。働けなくなって辞めた後に自殺した数は、ここには入っていない。また、自殺には至らないが、自殺未遂や精神的に病んでいる隊員はその何十倍もいるに違いない。私が担当している徒手格闘訓練中の死亡事故では、当該死亡事故が起きた一年間に、その一つの部隊で徒手格闘の訓練や試合で二十数件の事故が起きており、その約半数が骨折・靱帯損傷など全治一か月以上の重傷事故だったという。

もう一つ強調したいのは、事件に遭った被害者のほとんどが二〇代だということ。若くて希望にあふれた青年が、自殺をする、不慮の事故で死ぬという、これほど悲惨で、社会的な損失はない。このことを私たち日本国民

はリアリティーを持ってとらえる必要がある。

2　軍隊の本質から

なぜ自衛隊員の人権侵害が起こるか。その一つに、軍隊としての本質の問題がある。自衛隊は規律に厳しいところで、礼儀正しい生活態度の確立、人格の形成に有意義であるとされ、最近では企業の社員教育の場にもされていると聞く。しかし、これは「自衛隊の規律」を正しく理解したものでない。

自衛隊の規律は、「軍紀」と言われ、その本質については、空幕法務課発行『法翼』第二三号（二〇〇四年）に収められた論文「日本国憲法下における自衛隊裁判制度導入の可能性」が、分かりやすく述べている。

「社会の秩序維持には、最低限度の道徳規範が必要であり、これに違反した者を処罰するために、刑法が定められている。そして、一般市民を裁くには普通裁判所がある。

一方、軍は武器をもって外敵と対戦する戦闘集団である。ここでは戦時、通常の道徳規範に反する器物の損壊、人員の殺傷が公然と行なわれ、生命を省みない危険な行動が求められる。

そこで、軍では、軍人の基本的人権が制約され、組織に特別の秩序を科し、任務を強制する等、行動を強く規制する必要があった。これがいわゆる軍紀の保持である」。

要するに、「軍紀」とは、「通常の道徳規範」とは正反対の一般社会では許されない器物の損壊、人員の殺傷などの戦争遂行行為を、命令・規律という強制力をもって、自他の生命を省みないで行なわせることにある。ここに、兵士の人権保障と軍隊の職務との間の本質的な矛盾が存在する。

ドイツの軍事オンブズマン制度を見ると、こういった軍隊の職務遂行と、人間としての良心や感性との間のギャップを正面から認め、それとどう向きあうかを教え、葛藤に陥った兵士への手当てを考えている。

さらに、この論文は、軍の裁判権と軍隊の指揮権等を、事情を許す限り一致させ、軍隊指揮官を軍法会議議長とすると述べる。つまり、命令権者とその違反を裁く裁判権者をできるだけ一致させるのである。これは、わが憲法の権力分立の考え方に反し、自衛隊関係の裁判を、普通裁判所すなわち一般市民の関与と監視から排除するものである。

これでは、自衛隊員の市民的権利の救済がますます困難になることが明らかである。

3　服務指導から

次に、服務指導の問題である。「服務指導について」という、幹部隊員の一般隊員に対する指導監督のあり方を解いた文書があり、次の記述がある。

「服務指導は勤務に関する事項のほか、私生活に関する事項も含め、組織に影響するものはすべてを対象とする。これは隊員が職務に専念するためであり、隊員の心情把握および私的な悩みに注意するとともに、任務遂行に支障を来す範囲の事項の除去にあたる」。

役所でも企業でも、普通は公私の区別があって、職場では業務命令に従って仕事をするが、終業時間を過ぎればプライベートの時間であって、デートをしようが何をしようが自由である。ところが、自衛隊というのは、この公私の区別がなく、プライベートな部分も自衛隊はきちんと把握することになっている。分かりやすく言えば、隊員というのは戦争遂行の装備の一つだから、常に最善の状態にメンテナンスしておく必要があり、そのためには、隊員の精神状態からプライベートな「悩みごと」まで把握しておかなければならないというのである。

例えば、自衛隊員は簡単に病院に通うこともできない。部隊に申告をして、自衛隊病院とか、部隊が指示した病院に通い、必ず結果を部隊に報告しなければならない。そうでないと規律違反で処罰される。そうなると、ちょっと辛いからこっそり精神科の病院に行くなどということはできない。また、病気（特にメンタル）にかかるのは弱い奴だとされ成績に直結するので、我慢して行かないのが普通である。

女性自衛官の裁判の時に本人に聞いて驚いたことに、彼氏といつから交際を始めたかを何月何日まで具体的に答えたということがあった。自衛隊では、結婚を前提にした交際は部隊に報告しなければならない。だから、隊員はその報告の日を年月日単位で覚えているのである。そして、もし例えば中国人と付き合うことになれば、機密に関わる部署から配置転換されるとか、退職勧奨されたりすることになるという。だから、デートも自由にはできない。そういう公私の区別がないのが、自衛隊の特徴なのである。

日弁連での活動を報告する佐藤弁護士（6.4 全国集会）

多くの隊員は、高校を出てすぐ、俗に言う独身寮にはいる。そうすると、仕事場からプライベートまで、全てが部隊の中にある。ここで「営内の服務指導」が行なわれる。隊員は、生まれ育ったところから遠く離れた基地に住む。一八歳まで過ごした友だち、家族、地域の人々から切り離される。

この蛸壺のような世界では、おまえは駄目だ、辞めてしまえなどと言われ、組織から排除されることは、死刑宣告に等しいことになる。社会人としての成長、大人になる過程、その全てが基地の中、営舎（寮）の中にあり、そこから全否定されるのだから。

若い自衛隊員の自殺には、このような背景があることを忘れてはならない。

4　自衛隊の「教育」理念

私が担当していた女性自衛官人権裁判の原告が、教育訓練のときに配布された「躾《しつけ》（マナー）」と書いてある冊子がある。躾とマナーは、全然意味が違うと思うが、自衛隊の中では、同じようである。犬や猫じゃあるまいしと思うが、本当の話である。

その一〇頁に「わが国の美風」とあり、次のように書いてある。

「今の若者は社会常識にうとく、礼儀作法をわきまえないという批判を聞く。これは何も若者に限ったことではなく、日本の社会全般にわたって共通の問題である。かつて東洋の君主国と言われたわが国は、太平洋戦争後、封建制度の否定とともに、古来の美風を崩壊して、それに代わるべき新しい規律は誤れる自由主義の名の下に、いまだに固定化していない」。

自衛隊は、一八歳で高校を卒業した若い自衛官を、こういう考えで教育している。学校の先生にしてみると、学校で教えた個人の尊重とか、人権といった思想は、自衛隊に入った途端に否定されてしまう。私は、こうした自立した個人の人間性に立脚しない自衛隊の「躾」教育が、苛めやしごき、セクハラなどを招く要因になっていると考える。

5　懲戒処分手続きに対する適正手続

自衛隊では、部隊の命令権者、司令官がいる。その人物が命令を発し、かつ何か規律違反があれば、その人物が懲戒権者となる。そして、懲戒対象とされた隊員に弁護士依頼権は認められていない。女性自衛官裁判の場合、彼女はセクハラの被害者だが、夜中の午前二時半に、先輩に呼び出されて内務班（宿舎）を出て、被害現場であるボイラー室に行ったことが、「内務班で寝ていなければいけないのに、勝手に離れた」と規律違反に問われている。

これに対して、我々弁護士が代理人に就くと通知しても、部隊は「自衛隊員に弁護人を付ける権利はない」の一点張りで、全然認めない。原告は、代理人がいない審問に応ずることはできないと対抗した。すると、自衛隊施行規則七四条「懲戒権者は被審理者が申し出たときは、隊員のうちから弁護人を指名しなければならない」を適用するとして、同じ部隊の隊員を彼女の弁護人に付けた。その弁護人は、部隊の司令官の命令下にあるから、彼女の弁護ができるはずがない。こういう構造になっている。

このように、自衛隊員には、こんなことで規律違反に問われるのはおかしいと言っても、弁護士に相談し、弁護士に就いてもらい、自らの権利を守るということができない。これが自衛隊員の実情である。私は、弁護士を頼むことは憲法に保障された基本的人権であると頑張ったが、自衛隊に憲法論は全く通用しなかった。

6　警務隊の捜査の問題

刑事事件に発展した場合、警務隊が動く。警務隊は、特別司法警察職員と言い、我々が「警官」と言って日々目にしている一般司法警察職員と権限は基本的に同じで、自衛隊という特定の分野で権限を与えられて活動している組織である。

この警務隊というのは、結局は自衛隊員であるから、自分の上司の命令に従わなければならない。例えば、強姦未遂だと本人は訴えているけれども、強制猥褻で処分しろというふうに言われれば、そのように調書を作っていく。関係者の供述調書もそうやって固めていく。

こうして、被害者が泣き寝入りさせられたかと思えば、逆にある日突然被疑者・被告人にされてしまうことも珍しくない。しかも、警務隊から送致された検察官は、自衛隊の事件に対して積極的に捜査権を行使することがないのが常態だから、外部からのチェックも入らない状況になっている。

この点も、自衛隊員の人権保障という点から、非常に重要な問題である。

7　自衛官の人権を守る民間レスキュー活動

では、自衛官の人権を守るために何をすべきか。

第一は、自衛隊員のための駆け込み寺をつくることである。彼らをレスキューする、そういうシステムを、市民運動として展開していくことが必要である。日本には憲法九条があり軍隊が存在しないことになっているから、自衛隊員も我々市民と同じ人権が保障されていると、多くの国民がそう思っている。恐らくこれは日本だけだろう。外国ではそうは思われない。この正しい共通認識を前提に、レスキュー活動をするのである。

ドイツの軍事オンブズマンの言葉で言えば、「一人の兵士を守ることとは、軍全体を誤らせないことだ」ということになる。軍隊という武力装置を、我々国民が抱えている。主権者国民として、そこから出てくる矛盾や過ちを、我々の責任で適切に対処する、多くの国民がそういう必要性を認識しなければならない。

8　自衛隊員の人権保障の制度的確立

この点では、まず現行法の下でやれることをやっていくことが大事であろう。それから法的な制度に発展させること、自衛隊オンブズマン制度はその一つである。

憲法に基づく人権教育の必要性が大きい。前述したように、自衛隊内では、反憲法的な教育がなされている。それから、自衛隊法五七条を見直したい。「隊員は、その職務の遂行に当たっては、上官の命令に忠実に従わなければならない」という規定である。ところが、ドイツの兵員法などを見ると、人間の尊厳に反する行為だとか、犯罪行為となるような命令には従わなくてもいいとか、そういうことが書いてあり、兵士としての最初の教育訓練のときに、きちんと教えられるという。そういうことが必要である。職務命令と法や自分の良心との間に矛盾が生じたとき、それを解決してやるシステムが必要である。

懲戒処分などの不利益処分に対しては、弁護士に頼めるとか、弁明の機会が保証されているとか、命令権者と懲戒権者とを分けるとか、そういう適正手続の保障が重要である。

それから内部通報も重要である。公益通報制度、これは自衛隊員には全く認められていない。「こんなにひどいことが行われています」「こんな違法があります」と内部で訴えても、現状では、それは機密漏えいだと逆に処分されるのが落ちである。

9　自衛隊タブーの打破

最後に自衛隊タブーの打破の重要性について述べたい。

日本のマスコミは、自衛隊の問題をきちっと取り上げていない。私ども北海道ではどこのまちにも自衛隊があって、経済がそれに寄りかかっているので、自衛隊に対する批判的な論調はなかなか記事にならない。自衛隊、自衛隊員の問題（国家財政五兆円をつぎ込み、二六万人の公務員が働いている）を、我々国民の問題として考えるために、マスコミ、ジャーナリストとの連携や情報提供、こういうものが必要だと痛感する。

裁判対策とも関係し、タブーとしてもう一つ指摘したいのは、「精強さドグマ」である。女性自衛官裁判で、自衛隊は、一番最初の書面で「自衛官の任用においては、その職務の特殊性及び自衛隊の精強さを保つ上での厳正な規律の保持が求められており、一般の公務員とは大きく異なる」と言った。「精強さ」とは何か、自衛隊法のどこにも書いてない、それで何か人権が制約されるとすれば、法治主義違反ではないかと直ちに反論したら、その後何も言わなくなった。

しかし、「精強さ」という概念は、二〇一〇年一二月に閣議決定された新しい自衛隊施策である新防衛大綱の中にも出てくる。自衛隊の中では、この「精強さ」というのが非常に大きな価値である。実はそれに我々も毒されてはいないか。自衛隊員自身がそのドグマに縛られて、自衛隊員は精強でなければいけない、弱音を吐いてはいけないというバイアスとなり、深刻な問題も表面化せず、自殺者が多い、深刻な事件が隠ぺいされるといった結果に結びついてはいないか。

例えば、今回の東日本大震災で、自衛隊員ががれき処理や防疫、不明者捜索などに行かされた。しかし、死体を扱ったりすることは大変過酷なことで、医者を志望する医学生ですら、周到な準備もなく行なうことはないと聞く。それを「任務だから」と言ってやらせる。だから、現地から逃げたり、精神病を患って帰ってくる隊員が多くて、問題になっている。

国民は、「さすが自衛隊だ。ありがとう」と言う。そうして一番過酷な仕事、良心や感性との矛盾、葛藤の場面を、我々は自衛隊員に押し付けているのではないか。そして何よりも自衛隊員自身が、「俺は自衛隊員だから、やらなければいけない。これが任務なんだ」と、とても弱音は吐けない。こういう「精強さドグマ」＝自衛隊は日々の鍛練で心身ともに屈強であるとする観念にとらわれているのではないか。

むしろ逆に、人間として普通やってはならない職務を命じられ、人間としての良心や感性とのギャップに最も苦しめられる立場にある、そういう意味においては一番弱い立場に置かれている、と見方を転換する必要があると思う。

10　軍隊の特殊性を分かりやすく示す

事件の実態や加害者・被害者の心理の解明には、一般市民社会とは違う軍隊の特殊性を明らかにすることが重要となる。女性自衛官の人権裁判では、判決の中で、ここを正面から認めてくれた一節があった。

「隊内の規律統制維持のため、隊員その他の序列が一般社会とは比較にならないほど厳格で、上命下服の意識が徹底した組織であり、だから上位者である加害者に、逆らうことができない心境に陥る」。

我々が、軍隊における階級や先輩後輩、上命下服の関係などを分かりやすく主張立証した成果である。こういう軍隊の本質を、事案の性格に合せて解明する必要があると思う。

自衛隊員の自殺についても、この自衛隊組織から排除されると自分は生きていけない、ほかの職場とは比べ物にならない強い強制が自衛隊員の心理に働いていることを解明しないと、「日々鍛練して精強な自衛隊員がそう簡単に自殺するはずがない」と因果関係を否定されることになりかねない。

11　情報収集をどう行なうか

事案に関する情報収集をどう行うか。これは情報公開など、法的な手続きを尽くすことは当然だが、もう一つ大きいのは、取り組みの市民的な広がりの力である。

いまやっている「命の雫」裁判も、広く市民に訴える中で、同じ部隊の隊員だった青年が、実はこうだったんだと情報を提供してくれ、一緒に検察庁に行ってくれた。こういう人が現れてきたりするのである。そういう意味で、市民的な広がりと共感が情報の提供を促すことを大事にしたい。そして、原告や家族を支えることが重要だと思う。

12　緒についたばかり自衛官の人権問題

自衛隊では、アメリカの「テロ戦争」に向けた訓練や派遣の中で、隊員の生命や健康への侵害が多発している。イラク派兵後の二〇〇四年以降、自衛隊員の自殺が三年続けて一〇〇名を超え、しかも、イラク特措法とテロ特措法に基づくイラク、クウェート、インド洋への派遣経験者で在職中に死亡した隊員が三五名、うち自殺者が一六名にのぼり、不思議なことに「事故・不明」が一二名もいる。自衛隊員に聞くと、「事故・不明」で一つに括るのは、死亡原因を誤魔化すためだと言い、海自では甲板から海に突き落された例もあるとさえ言う。これらを見るに、自衛隊員の置かれた人権状況は、我々一般市民が考えている以上に深刻であると言わざるをえない。軍隊をもつ国では、「良心的兵役拒否」「兵士の人権」「軍隊とジェンダー」「軍事オンブズマン」「軍隊と労働組合」など、理論的、実践的に様々な積み重ねがあるが、日本においても遂に顕在化してきたと言える。彼らの人権侵害に無関心でいることは許されない。彼らの人権を守ることは、戦争にブレーキをかけ、平和を守ることである。

日弁連では、二〇一〇年九月に基地問題に関する調査研究特別部会を設置した。米軍の普天間基地の移転問題など、米軍基地問題が喫緊の課題ではあるが、日弁連としては初めて、自衛隊基地の問題、自衛隊員の人権問題についても研究と実践のテーマに掲げた。そういう弁護士会としての取り組みも含めて、今後とも、自衛隊基地の問題、自衛隊員の人権問題に取り組んでいきたいと考える。

（イラク派兵差止訴訟全国弁護団連絡会議事務局長、女性自衛官人権（セクハラ）裁判弁護団長、「命の雫」弁護団団長、日弁連人権擁護委員会・基地問題調査研究特別部会委員）

7—ドイツ軍隊の取材から

団結権と軍事オンブズマン

三浦耕喜

自衛官の人権問題を考える時、一番の障壁となっているのは何だろうか。それは取りも直さず、自衛隊の組織の壁、秘密の壁と言えよう。自衛官の自殺事件をめぐるさまざまな裁判でも、自衛隊の中で本当に何が起きているのか、自ら命を絶った自衛官の身の上に何が起こったのかということがまるで分からないことが如実に示されている。そこにどうやって風穴を開けていくのか。それこそ、自衛官の人権を考える上で最大のテーマと言えるのではないだろうか。

そのための一つの取り組みとしてドイツが採用しているのが「軍事オンブズマン」だ。

「オンブズマン」という言葉そのものは、今では広く知られている。一般的には、市民の立場、住民の視点から行政を監視・チェックする役目を担っている役職、機関を指すことが多い。スウェーデンなど北欧での取り組みが有名だ。このオンブズマンを、ドイツでは軍隊をコントロールする一つの仕組みとして用いている。

では、具体的にどのようなことが行われているのだろうか。ドイツの軍事オンブズマンは連邦議会の指名に基づき、議会の補助機関として置かれている。連邦議会議員の中から選出されることが多いが、中立を期す観点から五年の任期中は議員を辞めている。

軍事オンブズマンの役割は、兵士の苦情を受け付け、その内容を調査し、そして改善を促していくというものだ。軍隊とは完全に切り離された独立した立場で、兵士の待遇に目を光らせている役職だ。

兵士の苦情を受け付けるという点については、ドイツでは兵士に軍事オンブズマンに対する自由通報権を保障している。すなわち、兵士はすべて上官を通さずに、直接、軍事オンブズマンに苦情を申し立てる権利が保障されている。自衛隊などは特にそうだが、外部とは隔絶された軍隊では、内部で風紀やいじめなどの問題が起きた時、なかなかその実態が外に表れてこない。上下関係の厳しい組織にあって、上司を脇に置いて外部に悩みを訴え出るということは非常に困難だ。それをドイツでは、上官の介入は許さず、直接軍事オンブズマンに聞いてもらう権利が確立されている。

このように、自由に苦情を申し立ててもらった上で、次に重要となるのは、それをいかに調査するかだ。その点、ドイツの軍事オンブズマンは、強力な権限が与えられている。事前の通告なしに、あらゆる部隊、軍施設に対し抜き打ち調査ができるというものだ。調査を拒否することはできない。また、軍事オンブズマンにはスタッフが五〇人いる。その多くが法律の専門家だ。豊富な人材と強い権限が与えられることで、軍事オンブズマンはその機能を発揮できる。

調査に基づいて、軍事オンブズマンは国防大臣、あるいは連邦議会に対し改善を勧告する権限が与えられている。その内容は毎年、議会に文書で報告される。

苦情を受け付け、それを強力な権限に基づいて調査し、そして具体的に改善を図っていくというのが軍事オンブズマンの役割だ。ドイツ軍は自衛隊とほぼ同じ二五万人規模の組織だが、軍事オンブズマンは年六〇〇〇件の苦情を処理しているという。

このように、軍事オンブズマンの役割は、兵士をめぐるトラブルを組織の中に閉じ込めさせないことだ。外部から軍の内情を見えやすくするということだ。自衛官の自殺事件でも共通するが、内部に問題を閉じ込めたまま放置すれば、ますます事態は深刻になる。そして取り返しの付かない結果に陥ってしまう。そのように深刻になる前に、外から見えるようにする。そこが軍事オンブズマンの重要な役割だ。

その効果は具体的に兵士のストレスコントロールに表れている。自衛隊においては、毎年一〇〇人近い自殺者が出ている。一〇万人あたりの自殺率、すなわち一〇万人の自衛官のうち何人が自殺するかという統計で見ると、自衛隊の場合は二〇〇四年のピークで三九・三人だった。これは一般国民の一・五倍にあたり、一般国家公務員の倍近い数字となる。

一方、ドイツでは、二〇〇八年のデータによると一〇万人あたりの自殺者数は七・五人となっている。日本の三九・三人という数字との単純な比較は、自殺を禁じるキリスト教の影響など、宗教・文化の違いから慎重でなくてはならないとしても、ドイツの一般国民の自殺率が同じ二〇〇八年で一一・五人だったことを考えれば、一般国民より兵士の自殺率の方を低く抑えているドイツ軍のストレスコントロールは、自衛隊よりもはるかに成功していると言えるだろう。

決してドイツ軍の任務が楽というわけではない。この時期、ドイツは毎年七〇〇〇人近い兵士を世界各国に送っている。特にアフガニスタンでは、当時で三〇〇〇人ほど駐留させ、三〇人も犠牲者を出していた。そういう過酷なオペレーションに当たっていたにもかかわらず、一般国民よりも自殺率を低く抑えることに成功しているのは注目に値する。

自衛隊の場合では、海外活動が本格化する前の、一九九二、一九九三年あたりの自殺率は、ほぼ国民の平均と同じだった。これに対し、イラク派遣が行われた当時のピークの自殺率は、ほぼ倍増している。もともと、国土防衛を任務としていた自衛隊は、国内で活動することを前提に組織が設計されていた。ところが、海外活動が定着すると、自衛官は長期の活動に従事することとなる。アデン湾で海賊対処に当たる護衛艦の場合、現地への往復とも合わせれば、一回の動員で半年近く狭い艦内での起居を余儀なくされる。極めてストレスの高い任務にあたることになる。

国内に残る自衛官も海外に派遣された部隊の穴埋めをしなければならないので多忙となる。浜松での自衛官自殺事件は、イラクへの空輸支援でクウェートに空自輸送機が派遣された過程の中で起きた。派遣要員に選抜された自衛官に対し、彼が抜けることで多忙となることを嫌った上司がパワハラを強めた側面がある。

実は、兵士の自殺率が急上昇している国がほかにもう一つある。それは米軍だ。米軍はイラク戦争が始まる前の二〇〇二年段階までは、兵士一〇万人当たりの自殺者は九・八人だった。これが二〇〇八年になると二〇・二人に倍増した。それでも、自衛隊の自殺率よりも低いということは、日本の自衛官は戦場にいる以上のストレスにさらされていると見ることもできるのではないか。


ところで、軍隊の秘密組織に風穴を開けるということは、世間の健全な常識を軍隊の中に吹き込んでいくことにほかならない。そのためには、兵士ひとりひとりが自らの良心に基づき、自分自身で判断できることが肝要となる。その点、ドイツでは軍隊において、自分の良心に反する命令は拒否できるという権利を兵士に認め、兵士必須の要件として教育している。

この指導原理を「内面指導」と呼ぶ。内なる良心に基づいて自らを指導するという意味だ。与えられた命令が良心に反すると兵士が判断した場合、兵士は命令に従わなくてもよいとされる。実際、しばしばこのような「抗命」が起きている。ドイツ軍がアフガニスタンに偵察機を派遣した際、兵站担当の士官が任務を辞す出来事があった。ドイツはアフガニスタンの復興支援で兵士を派遣しているはずなのに、偵察機を派遣するということは軍事攻撃目的となる、というのが理由だった。

命令には絶対服従が求められるはずの軍隊で、このような抗命権が認められている背景には、ナチス・ドイツの時代に、軍隊がヒトラーの命令に従うという形で、ナチスの手先になってしまったことへの反省がある。その意味から、ヒトラーを暗殺しようとしたシュタウフェンベルク大佐は、現代においてドイツ兵士の鑑として顕彰されている。

兵士の良心を尊重するとしても、兵士個人の力では限界がある。団結することによって兵士の声を集める取り組みとして、ドイツには「兵士の労働組合」が存在する。「連邦軍協会」というのがそれだ。

連邦軍協会は組合員数約二〇万人。政治家に対して、兵士の待遇改善を求めてロビー活動を展開している。正式には「労組」を名乗ってはいないが、「兵士の利益代表」として、政府と団体交渉を行う点では労組と同じ機能を持っている。

兵士という性格上、ストライキは行わないが、デモは行っている。二〇〇一年にはベルリンで警察労組との合同で二万五〇〇〇人を集めたデモを行っている。政府の安全保障政策にも兵士の待遇という観点から辛口の批評を行うこともしばしばだ。アフガニスタンに軍隊を派遣すると政府が決めた際には、当時の協会会長を務めたゲルツ氏は「派遣される隊員はあちこちからの寄せ集めで、通信などの装備も不十分だ。極めて高リスクな派遣になる」と懸念を表明している。派遣後も連邦軍協会は協会員のアンケートから「兵士の六四%が派遣への政府の説明は足りないと感じている」との独自調査を示し、一線の不満を代弁した。

以上、軍事オンブズマン、内面指導、兵士による労組と、軍隊をめぐるドイツの取り組みを概観してきたが、そこに共通するのは、「一人の兵士を大切にすることが、軍隊を誤らせないことにつながるのだ」（前軍事オンブズマンのラインホルト・ロッベ氏）という考え方である。すなわち、軍事オンブズマンは兵士ひとりひとりの悩みをくみ取り、内面指導においては個人の良心こそが兵士にとって最高の指導原理なのだと教え、兵士の労組はその声を集めて政治に問題提起していく。軍隊をコントロールする上で、兵士が直面する現場のリアリズムを重視するという姿勢だ。

すでに、同様の軍事オンブズマンの組織を持つ国による国際会議も三回開催されている。各国に共通するのは、民主主義国家の軍隊において軍事オンブズマンは必須の仕組みだということだ。

一般的にも、人間を大切にしない組織は暴走するものだ。軍隊においては、兵士を大切にしなければ、無謀な作戦も可能となる。旧日本軍においては兵士の命は「鴻毛より軽し」とされ、召集令状を郵送する「一銭五厘」の価値しかないと言われていた。兵士の命を軽視した旧軍がどのような末路をたどったかは明らかだ。

その点、自衛隊はどうか。防衛省では、自衛官の自殺問題を考える審議会が発足しているが、議事録にはこのような発言が出てくる。「自殺については部隊での対処は困難であり、個人の責任としてとらえるのか、あるいは自殺について予防対策として方策を講じるのかといった問題について、ある程度割り切る必要があるという意見もあると思われます」。

オンブズと兵士組合について報告する三浦記者（6.4 全国集会）

自殺を「割り切る」という考え方には驚かされるが、次の発言はさらに衝撃的だ。「自殺の原因を究明することも大事ですが、精強な自衛隊をつくるためには、質の確保が重要であり、自殺は自然淘汰として対処する発想も必要と思われます」。このような発言をする人間を自衛官の自殺対策を考える委員に選んでいる点自体、この問題に対する防衛省側の態度を物語っている。

最近の自衛隊をめぐっては、東日本大震災で被災者を支援した活躍が高い評価を受けている。現場の自衛官が献身的な活動をしていることは間違いない事実だ。だが、このまま自衛官の抱えるストレスに手を打たなければ、ますます多忙となる自衛隊にあって、自衛官の人権をめぐる状況は深刻となるだろう。政治が現場の苦労を知らず、そのことに自衛官が失望するなら、政治に対する自衛官のロイヤリティーはどうなるだろうか。「あいつらは何も知らずに勝手なことばかり……」という政治への不満が自衛官の中に高まるとすれば、それこそシビリアンコントロールの危機である。すでに、その徴候はあちこちで現れているのではないか。

自衛官を決して思い詰めさせてはならない。政治は現場の声に注意深く耳を傾けるべきだ。そのための仕組みこそ軍事オンブズマンにほかならない。ひとりの自衛官を守ることは、自衛隊を正しくコントロールすることにつながる。政治の責務として、自衛隊オンブズマンの導入を呼びかけたい。

（東京新聞・記者）

8―全国集会へのメッセージ

「女性自衛官の人権裁判」元原告

本日は、予定があり出席できなかったことをとても残念に思います。私の裁判は昨年、勝訴することができました。この場を借りて、女性自衛官の人権裁判を応援してくださったみなさまにお礼申しあげたいと思います。

今回のシンポジウムの会場が浜松だということで、少し懐かしい感じがします。それは自衛隊時代一年ほど浜松基地で勤務したことがあるからです。浜松基地はとても風が強く、五kmの持続走はいつも苦労した思い出があります。

浜松は梅雨に入ったと聞きましたが、私が住む札幌市は、薄紫色のライラックが満開です。通勤時は、同僚と少し遠回りしてライラックやツツジを見ながら会社に行っています。裁判中は想像できなかった穏やかな毎日に、とても幸せを感じています。

今日のシンポジウムに来られたみなさんは、たぶん今の自衛隊のありかたに疑問を持つ方や、自衛隊裁判と呼ばれる私たちの裁判に興味を持っている方、また中には実際に隊員の相談を受けたことがある方もいるかも知れません。どんな形であれ、自衛隊の裁判に興味を持ってもらえたことは、私たちの裁判にとって大きな励みになっています。まだ係争中の裁判もあるので、みなさまには引き続き応援をお願いしたいと思います。

私が自衛隊裁判で一番伝えたいことは、自衛隊の問題は、市民が裁かなくてはいけないということです。基本的に自衛隊とは、武器を持つ巨大な武力集団です。自衛隊はその職務の特殊性から、とても厳しい規律が求められ、多くの制約で縛られています。ただ自衛隊ではいじめや暴力、ハラスメントの問題が起こると、この規律を隠れ蓑に被害者の落ち度をあげつらい、責任から逃れようとします。私は、自衛隊を誤った道に進ませないためのもっとも重要なことは、若く弱い隊員を〝規律や制約〟という道具を使っていじめることではなく、我々市民の目が隊内のすみずみまで行き渡ること、自衛隊の問題を広く人の目にさらすことこそ一番重要だと考えます。

日本に自衛隊という組織がある以上、今は私も一人の市民として、裁判の話をすることで自衛隊の問題に取り組んでいきたいと思っています。

私が裁判中に一番やっかいだと感じたことは、自衛隊が弁護士を認めないということでした。裁判が始まってから、裁判に関わる一切のことを弁護士に依頼していると言っても、上司は勤務中に調書を取ろうとしたり、懲戒審理に際しては、弁護士に相談したいといっても、「自衛隊員には弁護士を付けることは認められていないから、弁護士を頼みたいのなら自衛隊員の中から任意に選ぶ」と言われ、実際に上司の隊員が私の弁護人とし選任されたりもしました。とても法治国家とは思えない毎日を生きながら、一方では裁判を進めることに疲弊し、支援する会や弁護団に、何度も当たってしまうことがありました。体調不良が続くなか、それでも私を支えてくれた支援する会の皆さんや弁護団には、とても感謝しています。

反対に、私が裁判中に助かったことをお話しします。自衛隊という特殊な組織と闘う場合、裁判だけではなく手続き上さまざまなやり取りを自衛隊とすることになります。たとえばそれらの手続きを代行し、電話一本でもいいので本人に代わって電話をする。それだけでも本人の負担は格段に減ると思います。

また、裁判をしていることを理解してくれている人の存在が、とても力になりました。普段は裁判のことなど考えずず自由に過ごしたいと思いますが、どうしても裁判のことが気にかかります。私は支援する会の方と、よく

6.4 全国集会会場

お茶や食事にいきましたが、その時は裁判の話は抜きにいろいろな話をしました。

私の裁判の支援する会がすごいなと思ったのは、裁判が始まってすぐに洞爺湖へみんなで旅行に行ったことです。裁判を支援してくださっている方には、ぜひ、裁判抜きの関係も大切にしてほしいと思います。自衛隊裁判をサポートする人、これからサポートしていこうとする人に私からお願いしたいと思います。

自衛隊では既婚者以外は基本的に基地の中で生活しています。自衛隊の基地の中は、まるで一つの町のように全ての機能が備えわっています。宿舎や病院、理髪店、売店、そして警務隊です。このような環境で生活する独身の隊員は、寝ても覚めても基地の中、生活の全てが自衛隊なのです。私もそうでしたが、独身や若い自衛隊員の環境は、児童の環境と似ているような気がします。家庭内暴力や児童虐待が表に出てこないように、自衛隊の内部の問題も、件数はたくさんあるのになかなか表に出ていないというのが実状です。

最後に、自衛隊員はみなさんが思っているよりも、私たちの傍にいます。私たちが住んでいる地域にも、学校にも、親戚にも家族にも自衛隊で働く人はいるのです。裁判を支援することで、自衛隊が働きやすい場所になるのではないかと言う人がいるかもしれません。

しかし、自衛隊に人権が認められ、市民の目が行き渡り、隊員一人一人が巨大な組織の力から解放されたとき、自衛隊という組織は新たな局面に立つのではないでしょうか。もしみなさんの傍に、自衛隊で働く人がいたら、「私はあなたの味方だから、何かあったらいつでも相談してね」と声をかけてあげてください。

きっとその一言で、私たちのように立ち上がれる人がいるはずです。

（二〇一一・六・四）

第2部○空自浜松基地自衛官人権裁判

1——浜松基地自衛官人権裁判の内容と判決の意義

塩沢忠和

1　どんな事件だったのか

一　自殺当日

二〇〇五年一一月一三日は日曜日だった。この日、航空自衛隊浜松基地第一術科学校整備部第二整備課動力器材係所属の三等空曹であったSは、午前中職場に出勤し、公的記録には一切残っていない休日勤務を終えてから自宅アパートに戻り、昼過ぎ、自殺した。妻Mと生後五か月にも満たない長男K君を遺して……。テーブルの上に置いてあった遺書には、「Mちゃん、K、ごめん。本当にごめん。さようなら」とだけ書かれていた。

妻Mは「私の時間はその日以来止まったままです」と今でも語る。変わり果てた夫の姿に半狂乱状態になったMにとっても、連絡を受けて急遽宮崎からかけつけた両親にとっても、夫の、あるいは我が子の自殺の原因としてすぐに思い当たることがあった。「Nのいじめだ！」。

二　入隊後間もない頃から

Sが一九九五年四月の入隊後間もなく配属された職場、整備部動力器材係には、その五年前に配属された先輩隊員Nがいた。以来一〇年間、多いときで五人、少ないときには二人という少数職場でのSの直近の先輩隊員がNであり、OJT指導員もN、本来のショップ長（自衛隊では、職場の最小単位である「係」を「ショップ（SHOP）」と呼ぶ）が不在であった一時期には、Nがショップ長、部下はS一人という時もあった。

Sの父親も航空自衛隊自衛官で、整備員、フライトチーフも務めた。Sはその父の姿を見て、自分も空自の整備員の道を選んだ。

入隊後間もない頃から、正月や夏に宮崎に帰郷した折、両親は息子Sから、職場に自分をいじめる先輩隊員がいる旨の訴えを聞いた。父は、その訴えを聞いていた自分が息子を救えなかった後悔に今でもさいなまれている。

支える会発足集会で発言する塩沢弁護士（2008年10月）

三　イラク特措法でクウェートに派遣され

二〇〇三年一一月、Sはイラク特措法による派兵要員に指名された。翌年四月から三か月、クウェートに派遣され、その任務を全うして帰国するが、このクウェート派兵の前後頃から、Nによるいじめはひどくなっていく。少人数の職場で実作業の中心を担っているSが職場から抜けると自分に大きな負担がかかると考えたNは、「なんでお前がイラク派兵を志願するんだ！」とSをなじった。

Sは、自分から進んで派兵要員になったわけではなく、上官に「行けと言われれば行きます」と答えたに過ぎない。しかし、そのような言い訳がNに通ずる訳がなく、自分が多忙となることに怒ったNの八つ当たり的いじめは、派兵前にもあったが、帰国後はますますひどくなった。

四　後輩女性隊員の配属を機に

そんな折りの二〇〇四年秋、ショップに女性新入隊員T（入隊時二等空士、本件事件時は空士長）が配属された。Nは妻がいる身であったが、この若いTに横恋慕し、あわよくば不倫したいと言い寄ったが、当然とはいえTからこれを断られた。NのTに対するこのセクハラ問題がわかるのはずっと後のことである。TがSを先輩として信頼し、Sの妻とも親しくなると、Nはそのことが面白くなく、Sに対するいじめに拍車がかかることになった。

翌二〇〇五年三月から五月頃には、NのSに対する暴言・暴力を伴うひどい叱責やコンクリート床への正座させなどを整備部の他部署の者が目撃するようにもなり、上司であるショップ長や整備課長の耳にも入った。上司らはNにおざなりな注意はしたもののNのいじめは止まらず、九月、一〇月とさらにエスカレートした。

五　最後の希望の光を失う

二人の関係を見るに見かねて人事部にNの異動を具申した者がいた。Nの人間性をよく知っていた元ショップ長F准尉である。同人の働きかけで、翌年の三月にはNの異動の可能性があることを知らされたSは、「三月まで なら頑張れる！」と妻と祝杯をあげた。

ところが同年一一月一二日の夜、Sはショップ長から、その異動の可能性が全くないことを告げられた。Nの異動という最後の希望の光を失ったSは、その翌日、自死した。

六　事件後

事件後、妻と両親は自衛隊に対し、自殺の原因の徹底調査を強く求め、総務課長を中心とする調査班のもと、Nをはじめとする関係者の事情聴取がなされ、二〇〇六年一二月、Nに対する懲戒処分が出た。結果は「停職五日」という遺族には到底納得できない軽いものであったが、後に明らかになる処分理由として、以下四点の「被疑事実」を自衛隊自身が認定している。

・二〇〇四年三月頃、権限なく外出止めを指示し、身分証を保管した。
・二〇〇五年三月頃、反省文一〇〇枚か辞表を書けと指示するとともに、同年五月頃、反省文を書かせ、本人の前で後輩隊員に読ませる等の行為をした。
・二〇〇五年五月頃から同年一一月頃までの間、叩く、蹴る等の行為及び「死ね、辞めろ」等の暴言を吐いた。
・二〇〇五年五月頃、飲酒運転の罰として、権限なく禁酒を指示した。

同時にしかし、Sの自殺原因は「特定できない」、これが調査責任者から遺族への説明であった。

2　Sはどんな人だったか

一　底抜けに明るかった

「Sはもともと底抜けに明るいやつでした」。陳述書を書いてくれた同期入隊の同僚隊員は、Sの性格をこのように語る。母は、「性格は明るく、ひょうきんないたずら者で、友達を分け隔てせず、人気者に育ちました」と言う。

二　自衛隊一家で成長した

Sは、一九七六年一一月二日、宮崎県佐土原町（現宮崎市）において、航空自衛隊自衛官であった父と看護師である母との間の二男として生まれた。父だけでなく伯父や従兄弟も自衛隊という家庭で成長し、高校三年生の七月頃、「お父さん、僕、自衛隊に入りたい」と自衛隊への道に進むことを決意した。

Sは、その志どおり、曹候補士（一般隊員よりも早く「士」から「曹」に昇任する曹クラス、いわゆる下士官の促成コース）の試験を受けて合格し、一九九五年四月、地元の高校を卒業と同時に航空自衛隊に入隊、同年七月、浜松基地第一術科学校動力器材整備員課程に入校、同年一〇月、同課に配属となった。

三　サッカー選手だった

Sは、浜松と同様サッカーが盛んな宮崎で育ったこともあり、小学三年生からサッカーを始め、五年生でチームの正選手となり、中学校のクラブ活動ではレギュラー選手として活動し、高校もサッカー推薦で入学するほどサッカーの能力が高かった。

入隊した年の一一月には、浜松基地のサッカー部に入部し、全自衛隊サッカー大会でも活躍するようになった。一九九七年一二月には同大会で優勝し、その「健闘を賞賛」され、また、二〇〇四年度の浜松市議長杯ジュビロインターカップでも優勝し、その中でSは、「予選を通じて得点するなど航空自衛隊浜松チームの中心選手」であり、「今後のSの活躍を期待する」との評価も受けていた（被告国が提出した記録より）。

四　心身ともに屈強だった

このように、Sは父を初め叔父や従兄弟が自衛官という家庭で成長し、高校卒業と同時に希望に胸躍らせて航空自衛隊に入隊し、自衛官としての誇りを持ち、浜松基地におけるサッカーチームの主力選手として活躍したように心身ともに屈強であった。そのSが、待ちに待って誕生した五か月にも満たない長男と愛する妻を遺して、なぜ自ら命を絶ったのか。

その原因はNによる「いじめ」以外にないと遺族は確信し、N本人の責任はもとより、Nのいじめに気づきながらこれを放置しSを自殺にまで追い込んだ上司の監督責任を問い、被告国に対しては国家賠償一条一項に基づき、被告N本人に対しては民法七〇九条に基づき、Sの死によって原告らが被った損害の賠償を求める、これが本件人権裁判である。

3　先輩隊員NはSに何をしたか

原告らが、Sに対するいじめだと主張する先輩隊員Nの行為は、自衛隊自身がNの懲戒処分の被疑事実とした前記四点を含め、以下のとおりである。

一　繰り返された暴力・暴言

平手で頭を叩く、作業用ライトやドライバーの取っ手で頭を叩く、尻を足で蹴り上げる等の暴力、「バカ」「死ね」「辞めろ」「五体満足でいられると思うな」等の暴言について、被告は、かかる行為があったこと自体は否定できず、その回数は多くはなく、その動機もあくまで〝指導〟であると争った。こちらの主張では、暴言は日常茶飯事、暴力は少なく見積もっても三〇回以上あった。

二　身分証取り上げ

「営内（基地内宿舎）でもっと勉強させるため」との口実で身分証を取り上げた。当時営内生活者だったSは、身分証がないと外出できず、交際中であったMさん（後の妻・原告M）とのデートもままならなかった。

三　禁酒命令

「飲酒運転をしたことへの罰」を口実とするが、実は違う。二〇〇五年四月、基地内での花見の会の後、Sは後輩女性隊員Tをバイクに乗せて自宅まで走行するという飲酒運転を確かにした。それは、SとTとの仲を嫉妬し、二人に関係があるのではないかと疑いをかけてSの携帯電話を取り上げ、メールのやりとりを見た結果、Nが知った事実であった。

その制裁として禁酒を命じたとNは主張するが（無論そんな権限はNにないから処分理由の一つとなった）、実はその遥か前から、隊内での忘年会や送別会ではしゃぐSを苦々しく思っていたNはSに禁酒を命じた。Sは酒が好きであり、酒席では盛り上げ役の人気者であった。

上司はSのそうした酒席での「はしゃぎ」を全く問題にしていなかったが、陰気なNはそれが気にくわなかった。Sはさすがに自宅では飲んでいたが、Nの前では好きな酒を口にしなかった。回りの者はそれを不思議に思っていた。

四　「業務多忙」を口実とするサッカー強化訓練への参加妨害

Sは浜松基地サッカーチームの中心選手であり、毎年五月の連休中に開催される全自サッカー大会に参加するための強化訓練（業務として位置づけられ、就業時間中に実施される）への参加が般命（一般業務命令）として求められていた。しかしNは、上司の意向に反してまで（上司の意向に反することができてしまうところがNのすごさである）、「本来業務の多忙」を口実にこれを妨害した。

そのことは上司の知るところとなり、Sは有給休暇を使ってでも大会に参加することを申し出たが、上司は「訓練せずに休暇で試合に参加してケガをしても公務災害にはならない」との理由でこれを認めなかった。

五　説教残業、コンクリート正座

整備作業終了後、ショップ長は早々に帰ったが、NはSを職場に残らせ、くどくどと説教をした。同僚の間では、これを「説教残業」と呼んでいた。ある時、整備部内の別の班の隊員（Nと同階級）が、NがSをコンクリート床に正座させ、説教している場を目撃し、Nに注意した。しかしNは、「これは私の職場の問題だ」と突っぱねた。

六「辞表を出せ！　さもなくば反省文を一〇〇枚書いて来い」との強要、Sの前での後輩女性隊員Tへの反省文朗読の強要

ある時Sは、基地内での午後の講演会でつい居眠りをしてしまった。それを目撃したNは、「たるんでいる！」として前記の強要に及んだ。志願して入隊したSは、自衛隊を辞めるわけにもいかず、一〇〇枚までは書けなかったものの夜なべして八枚の反省文を書いてNに提出した。日頃からいかにNから人格攻撃を受けていたかを伺わせる自虐的内容の反省文である。

しかもNは、あろうことかこの反省文を、「お前が無反省に従っているSは、こんなにダメな人間なんだぞ！」とわからせる目的で、Sの前でTに朗読させた。Nに言われて書かされた反省文は、これ以外に六通残っていた。

七　整備計画立案から実作業までの過酷な任務割当

自殺三か月前の九月末頃、ＮはＳに「自覚と責任感を持たせるため」として整備計画の策定から実作業までの一連の業務を割り当てた。上司が「まだ早すぎるのではないか」と難色を示したにもかかわらず。案の定Ｓは、未知、不慣れからくる苦労、不安に加えて、ミスがあれば他の部署にまで迷惑がかかることになるため、極度の緊張を強いられた。

不可避的ミスが出ると、Ｎの更なるパワハラ攻撃の対象となった。それまで負わされた精神的負荷状態に、さらに追い打ちをかける負荷要因が加わり、Ｓの心身の疲労は「職場に行きたくない」「死ねたらいい」と洩らすほど重大化して行った。

八　自殺当日まで続く休日出勤

ＮはＳに対し、一一月三日から六日の間の休日出勤を実質的に命じている。その他にも、ＳはＮに命じられて土日に出勤し、バッテリーの充電の仕事をしていた。日によっては一日に二度も出勤することがあった。それは、寿命のきているバッテリーの充電をＮが命じているためであり、Ｓは、バッテリーの寿命のことをＮにわかってもらえないことを悩んでいた。

結局Ｓは、この月、自殺当日を含む全ての休日に出勤している。Ｓは、Ｎによって残業や休日出勤をさせられていたことにより、その休息時間を奪われ、肉体的・精神的疲労が取れない状態が自殺当日まで続いていた。

4　裁判での法的争点

一　Nの行為の違法性

原告らは、前述のとおり、被告N個人に対しては民法七〇九条の不法行為責任を問い、被告国に対しては「公務員が、その職務を行うについて、故意又は過失によって違法に他人に損害を加えたとき、国がこれを賠償する責に任ずる」と定める国家賠償法一条に基づく責任を問うている。

そこで第一の法的争点は、Nの行為はいかなる意味において違法であるかである。被告国及びNは、NのSに対する行為の目的・動機はSの能力を向上させ勤務態度を改めさせるという「指導」にあり、その行為態様（暴力・暴言等）も行き過ぎがあったとはいえケガを負わせたわけでもなく、違法と言うほどのものではないとする。

一方原告らは、Nの行為は「いじめ」または「パワーハラスメント」に他ならないと主張する。しかし問題は、Nの様々な加害行為がどんな言葉にあてはまるかという用語論、形式論ではない。原告らが、Nの様々な加害行為が「いじめ」あるいは「パワハラ」であるとするのは、それが「指導」とは到底評価し得ない違法な行為であるということを示すためであって、「いじめ」あるいは「パワハラ」という概念自体の定義、要件などについて論議するためではない。

この点について、「さわぎり」事件福岡高裁判決は次のごとく判示する（本書一九頁、西田報告参照）。

「一般に、人に疲労や心理的負荷等が過度に蓄積した場合には、心身の健康をそこなう危険があると考えられるから、他人に心理的負荷を過度に蓄積させるような行為は、原則として違法であるというべきであり、国家公務員が職務上そのような行為を行った場合には、原則として国家賠償法上違法であり、例外的に、その行為が合法的理由に基づいて、一般的に妥当な方法と程度で行われた場合には、正当な職務行為として、違法性が阻却される場合があるものというべきである」。

「控訴人らは、上官らがAに常軌を逸したいじめ行為を行ったと主張し、N班長において本件行為を行ったこ

弁論後の報告集会で発言する塩沢弁護士（2011 年 1 月）

とは前記のとおりであるが、同班長の主観的な目的自体はこれを確定するに足りる資料はなく、端的に、本件行為が上記のような観点から国家賠償法上違法であったかどうかを判断すれば足りる」。

本件での原告らの主張は、この「さわぎり」事件高裁判決に依拠した。

二　上司（ショップ長及び課長）の安全配慮義務違反

一般に、民間の職場における使用者の労働者に対する安全配慮義務は広く知れているところではあるが、公務員の職場においても国に同様の義務があることを、「さわぎり」事件高裁判決は、「国は、公務員に対し、国若しくは上司の指示の下に遂行する公務の管理に当たって、公務員の生命及び健康等を危険から保護するよう配慮すべき義務を負い、これに違反する行為は国家賠償法上違法であるというべきである」と明示した。そして、使用者（本件で言えば国または防衛省）に代わって労働者に対し業務上の指揮監督を行う権限を有する者を「履行補助者」と言うが、本件におけるかかる意味での履行補助者は、ショップ長（動力器材係係長）及び課長（整備部第二整備課長）の二人である。

Sを自殺に追い込んだ第一の責任は、加害行為者N本人にあることは当然である。同時に、右上司らは、S及びNそれぞれの身上を把握し、良好な人間関係の維持向上を図り、業務上及び生活上の適切な指導をすべき立場にあり、しかもNの、被告らが言うところの「厳しい指導」（原告に言わせれば「いじめ」）によって、Sが心身ともに過重な負荷状態に置かれていたことを認識し、または認識し得たのである。従って、Sの自殺を防止できなかった点において、この上司らにも、履行補助者としての安全配慮義務違反という責任がある。これが原告らの主張である。

そしてこの問題は、本件職場におけるNの存在・立場を上司がどう見ていたかと関係する。Nは、一九九〇年にショップに配属されて以来本件発生まで、実に一五年間の長きにわたり同一職場で勤務してきた。この間、ショップ長は何度か変わるが（時には、ショップ長が、担う機種の多さについて行けずにうつで休職し、しばらくショップ長不在となったこともある）、実作業のチーフはNであった。そのため、上司からみれば、Nは確かに「仕事ができる、任務を任せられる」「少数多機種の器材について良く知っている」「動力器材整備技術員としては非常に能力の高い」隊員だった。

だが、このことは同時に、このショップにおいて、Nがショップ長はもとよりその上司たる班長や課長すら一目置くほどの、整備業務の現場での事実上の「権限」を保持していたことを意味する。いわばショップにおける「主」的存在がNであった。Sに対し、身分証取り上げ、反省文の強要、禁酒命令等々、いずれも本来は権限がない行為を上司に何ら報告することなく繰り返していたのも、Nのこの事実上の強固な〝権限〟に裏付けされていたものである。ショップ長は、そうしたNに実作業のほとんどを任せきりにし、自分はデスクワークだけをし、課長もこれを放任した。

悲しいかなSの不幸は、Nの後輩であったことだけでなく、その上司がNの言いなりになる無責任上司だったことにある。

三 「自殺の原因はほかにあった」という被告国の主張——事実的因果関係の否定

この種の裁判で、被告側が必ずと言ってよいほど持ち出す抗弁がある。「さわぎり」事件では「本人が自分の能力不足に悩んで自殺した」といい、「たちかぜ」事件では「ギャンブルと風俗のために抱え込んだ借金を苦にして自殺した」と被告国は主張した。これらは、死者を冒涜し、遺族にとって到底許すことのできない不当な主張である。

同じような主張が、本裁判でも持ち出された。被告国は、Sを精神的に追い込んだ原因として、①離婚、再婚、子どもの認知等の私生活上の精神的負荷、②職場における責任が重くなった、結婚し子どもができて家庭内でも責任が重くなった、③子の出生後自由な時間がなくなり、好きなサッカーの練習に思い通りには参加できなくなった、④妻Mの実家との間でトラブルがあった、⑤長男Kの浜松祭りの凧揚げに多額の費用がかかることで悩んでいた等の「私生活上の心理的負荷要因」なるものを挙げた。見当違いも甚だしい主張である。

四 相当因果関係・予見可能性

被告N及び国にSの自殺についての責任を負わせるためには、Nの行為及び上司二人の安全配慮義務違反（過失）とSの自殺という結果との間に、事実的因果関係に加え、「相当因果関係」（ある行為が原因となって生じた結果のすべてを賠償させるのではなく、社会通念上相当と認められる限度で因果関係を認め、その範囲で損害を賠償させるための概念）があること、これを裁判所に認めさせる必要がある。

実は、本裁判の結審直前の二〇一一年一月二六日、「たちかぜ」事件横浜地裁判決は、被告Sによるいじめと被害者の自殺との間の「事実上の因果関係」は認めつつ、全く不当にも「相当因果関係は認められない」とし、被害者が生前受けた精神的苦痛による慰謝料のみ認め、自殺（死）による損害（逸失利益等）についての賠償責任を否定した。

自殺を民法四一六条二項の「特別の事情によって生じた損害」（特別損害）とみて、かかる特別損害は「その事情を予見し又は予見することができたとき」（つまり予見可能性があるとき）のみに賠償責任が生ずるとの規定に基づき、自殺することまでは予見できなかったのであるから、自殺による損害については相当因果関係が認められないとするのである。

本裁判でも、被告国は最終弁論においてこの横浜地裁の判決文を証拠として提出し、自殺についての責任を否定する根拠とした。しかし、うつ病等の精神疾患の症状として自殺企図があることは確立された医学的知見であり、いじめやパワハラによるストレスからうつ病等を発症し、その結果自殺（死亡）するというのは、通常の因果関係の流れであって、「特別結果」ではなく「通常結果」である。つまり、自殺を「特別損害」ととらえることがそもそも誤りであるが、この「通常の因果の流れ」の中での一つの環をなす事象が、うつ病等の「精神疾患の発生」である。したがって、この主張をする上で、Sがうつ病等何らかの精神疾患を発症させていたことの立証が重要ポイントであった。そして我々は、幸いにも結審間際にこの立証に成功した。それも防衛省（自衛隊）に立証させたのである。

二〇一〇年一二月、防衛省は、Sの自殺を公務災害であると認定した。Mさんが裁判提訴とともに請求していた公務災害認定申請がようやく実を結んだのである。業務上のストレス→うつ病その他何らかの精神疾患の発生→自殺、これが自殺を公務災害と認定するための道筋であり、防衛省がこれを認めたのである。Sの「業務上のストレス」は、Nによるいじめ・パワハラ以外の何ものでもない。

したがって本裁判では、横浜地裁の前記不当判決に裁判所が惑わされる恐れはないと確信していた。

五　過失相殺

被告国は、最終準備書面の最終頁で、過失相殺の抗弁を持ち出した。曰く、Sの働きぶりは芳しくなく、それ故Nはその勤務態度を改めさせようとしてつい殴る蹴る等の厳しい指導をしてしまった、それによってSを精神的に苦しめ自殺に追い込んだことになるとしても、Nだけに一〇〇％責任があるのではない、劣悪な勤務態度をとったS自身にも相当な落ち度があると。

仮定的とはいえ、自らに賠償責任があることを認めた上での抗弁である。無論原告側は、断固としてこれを争った。しかし、裁判所がこの点をどう判断するかについては、正直、私の中に一抹の不安があった。この種の裁判では、裁判官のいわゆる「バランス感覚」なるものがわざわいし、それなりの過失相殺を認めて認容額を減額させるケースが多々あるからである。

六　被告N個人の不法行為責任の有無

職務の執行に当った公務員は、行政機関としての地位においても個人としても、被害者に対しその責任を負担するものではないというのが判例・通説である。被告Nも同様の理由で自己の責任を否定する。この考え方は、公務員個人に損害賠償責任を負担させせないことによって後顧の憂いなく職務の遂行に専念できるようにするためだとされている。

しかし、公務員に故意または重過失がある場合にも損害賠償の責任を当該公務員個人に負担させないことに合理性があるのか。むしろ、悪質な公務員に国民に対する個人としての賠償責任を負担させないことは、悪質な公務員を合理的理由なく擁護し、公務の適正な遂行を阻害する結果を招くことにさえなり、不合理きわまりない。したがって、公務員個人に故意または重過失がある場合には（Nの行為はまさにそれに当たる）、国家賠償法上の責任を負う国とともに、公務員個人も民法上の不法行為責任を負うべきである、これが原告側の主張である。

5　判決の意義

二〇一一年七月一一日に言い渡された本判決は、控訴期限の最終日であった同月二五日、北澤防衛大臣が原告に面会して、被告国としては控訴しない旨を伝えるとともに、大臣としての謝罪の意を表明し、同日判決は確定した。本判決を防衛省はどう受け止め、その内容について法務省その他関係機関とどのような検討をし、いかなる政治的判断によって控訴せず確定させたのかは知るよしもない。しかしこの判決は、被告国に「控訴しない方がいい」という気持ちを起こさせる、ある意味での「説得力」があるように思える。

それはともかく、原告の立場から見た本判決の意義、判決理由における積極面とその限界について、私としては、以下のとおり指摘したい。

一　主文（結論）で、原告側請求の損害額をほぼ全面的に認め、八〇〇〇万円余の賠償を国に命じたこと

本件は、損害賠償請求の裁判であり、主文（結論）においていくらの賠償を勝ち取るかがその最終目標である。無論、賠償金をいくら積まれてもSの命は戻らないし、原告ら遺族が賠償金欲しさに裁判を闘ってきたわけではないことは、百も承知である。ここでの議論は、事後的且つ金銭賠償を目的とする裁判手続という枠組みを所与の前提としている。

後に触れるとおり、本判決は、被告国の過失相殺の主張を全面的に排斥した。そして、損害額としては原告らの請求をほぼそのまま認め、結審直前に防衛省がSの自殺を公務災害と認定したことに伴い、自殺時から結審時までの遺族補償年金分一〇二七万円余及び葬祭補償金六〇万円余の支給が見込まれるとして（実際その見込みどおり支給された）、この損益相殺のみを認め、主文において、原告ら四名に対する合計八〇一五万〇四五四円の賠償を国に命じた。従って損害額としての実質認定額は九〇八七万円余となる。

この結論において本判決は、まごうことなき「勝利判決」である。判決に臨むに当たり、弁護団は「勝訴」「一部勝訴」「不当判決」「敗訴」の四本の旗を用意していた。「勝訴」か「一部勝訴」か、何を基準に選択すべきか最後まで迷っていたが、その迷いは結果的に無駄であった。

自衛隊員のいじめ・パワハラ自殺事件で公務災害の認定を勝ち取り、且つ国賠請求でかかる高水準の賠償をも勝ち取ったことは、これからも続くであろう自衛隊を相手取った様々な訴訟に積極的効果を及ぼすものとして、その意義は大きいはずである。このことに貢献できたことを、弁護団として率直に喜びたい。

二　判決内容における評価

本判決は、以下の三点で内容的にも積極的評価ができると考える。

（一）加害者の行為の違法性を厳しく糾弾していること

ア　判決の特徴

この判決は、前述の「さわぎり」事件高裁判決のごとく「他人に心理的負荷を過度に蓄積させるような行為は国家賠償法上も原則として違法」というような、他事件にも役立つ普遍的一般論を判示しているわけではない。

しかし、加害者NがSに対して行った個々の行為の事実認定を実に丹念にした上で、ある意味極めて常識的というべき「公務員が職務上なした行為が、いかなる場合に国賠法一条一項の違法性の要件を満たすかについては、……結局、当該職務の性質、当該行為の客観的な態様、当該公務員の主観的意図、侵害された権利の性質及び侵害の態様等を総合的に検討するほかはない」（判決七七頁）との観点からその違法性を実に慎重に手堅く認定している点が、際立った特徴と言える。

この判決は一二〇頁の大作であるが、その約半分五九頁分を、この点の事実認定とその違法性の判断に当てている。ちなみに、「さわぎり」事件一審判決は六五頁、「たちかぜ」事件のそれは三七頁である。

イ　加害者Nの主観的意図に関する判決のとらえ方

前述のとおり、「さわぎり」事件高裁判決は、「A班長（加害者）の主観的な目的自体はこれを確定するに足りる資料はない」とし、主観的意図にはあえて詳しく立ち入らずに行為の客観的側面を重視して違法性を判断している。

一方、本判決は、前記観点に基づき、まず「被告Nの亡Sに対する各行為の主観的意図について、あらかじめ検討する」とし、この点について、「被告Nの亡Sに対する行為は、特段の事情のない限り、被告Nが亡S自身の整備能力等を高めるとともに、被告N自身が、本件ショップから転出することとなったとしても、本件ショップにおける業務が円滑に運ばれることを企図して、亡Sに対し、指導する目的で行ったものであると解するのが相当である」（判決七七頁）と判断している。

この部分は原告ら遺族にとっては納得できないところであるが、ここでのミソは「特段の事情がない限り」との限定付けである。判決は、次の二件は「この特段の事情」が認められるとする。

第一に、妻Mの出産が間近に迫った時の出産休暇取得の申し出の際の暴力（顔面を平手打ちで殴打）についてである。判決は、「かかる暴行については、その目的についても、指導目的であるということはできず、単に、本件ショップにおいて自らが繁忙になることを嫌悪して行った暴行であって、違法な有形力の行使であるといわざるを得ない」（判決七九頁）と、行為の目的が「指導」ではなかったことを認定している。

第二は、「一〇〇枚書け」と迫って書かせた反省文を、Sの面前で後輩女性隊員に読ませたことを巡ってである。判決は「その読ませた際の態様についても、亡Sの面前で読ませたというものであって、亡Sが受けた辱めが大きかったことが、容易に推認できる」と、これによってSが受けた精神的苦痛の甚大さを正当に認めた上で、「被告Nの主観的意図についてみても、……目的自体が、C（女性後輩隊員）の亡Sに対する評価を低下させるというものであった。のみならず、被告Nは、亡S及びCの仲がよく、二人が意を通じて被告Nの指導を聞かず、被告Nが孤立させられているように感じ、面白くないという気持ちを有していたのであって、純然とした指導目的でこれを行ったとは到底いうことができない」とする。ここでも、行為の目的が「指導」ではなかったことを明確に認定している。

原告ら遺族にしてみれば、「判決が『Nの行為はいじめであった』とはっきり認めてほしかった」との思いが強い。遺族の感情としてそれは痛いほどわかる。しかし法律論からすれば、問われるべきは、国賠法上どれだけ違法性が高いか否かであって、「いじめ」と言えるか否かではない。

しかしあえて言えば、判決が、目的においても「指導」ではなく「単に自分が繁忙になることを嫌悪してのこと」「S及びCの仲がよく、自分が孤立させられているように感じ、面白くないという気持ち」からの行為であると認定した右二件の行為について、判決文には明記されてはいないものの、原告らの言う「いじめ」であったと認定したものとみることは充分可能である。

ウ　目的が「指導」であったとしても、職務の性質、行為の態様、侵害された権利の性質・態様等からみて違法であり、且つその違法性は重大であるとの認定

続いて判決は、目的が「指導」にあったことを前提としつつも、①有形力の行使（暴力）、②暴言を伴う指導、③身分証取り上げ、④反省文作成強要（一〇〇枚書くか辞表を出せとの強要。なお前述のとおり、書かせた反省文を後輩女性隊員に読ませたことは目的自体が違法とした）、⑤禁酒命令、以上五点については、前記観点からみて違法であり、且つその違法性は重大であると認定した。

特に有形力の行使（暴力）について、加害者Nが「整備作業中に危険な行為を止めたりするときのことである」という弁明について（法廷でもこのように「堂々と」述べ、自己の正当化を図り、反省の様子がなかった）、次のとおり厳しく断罪している（判決七一頁）。

「このような供述は全く採用することができない。すなわち、……当該暴行がなされた状況は、課長において把握していたと解されるところ、同人は、わざわざ、遠くから駆け寄った上、被告Nに対して指導をしたり、ショップ長を呼び出してよりよく職場を見ておくべきであると指導しているのであるから、被告Nの暴行が危険な行為を止めるためのものではなかったことは明らかである。また、……出産休暇の際のやり取りの中で暴行をした事実が認められるところ、そのような些細な出来事に端を発して亡Sに対して暴行を加えようという発想を有していること自体が、被告Nが亡Sに対して暴行を加えることについて何ら抵抗がなく、言わば、当然のことと考えていることの現れとみることができる。こうした事実を総合すれば、被告Nの亡Sに対する暴行が、危険な行為を避けるための、言わば緊急避難的なものであったということはできない」。

さらに暴言を伴う指導についても、「五月以降は、その暴言を伴う指導は、厳しい指導として複数の者から課長の耳に入るようになっているほど強い程度であることに照らせば、その違法性は顕著であるというべきである。

加えて、被告Nは、七月、九月、一〇月と重ねて、課長ないしFから、その指導方法について問題点を指摘されて指導を受けているのであるから、暴言を伴う自らの指導が、厳しすぎるものであって適切ではないことの自覚があったことは明らかであり、加えて、その頻度は段々と高まり、日常化していったものであるから、その違法性は重大であると評価せざるを得ない」（判決八〇頁）と厳しく指摘し、この違法性評価のまとめ部分である判決八九頁以下の「小括」では、次のとおり、重ねて、各行為の違法性を「悪質的である」「重大である」と厳しく糾弾している。

「以上によれば、被告Nは、亡Sに対し、平成一七年八月から同年一一月まで暴行や暴言を伴った行き過ぎた指導を繰り返した上に、何ら権限がないのに禁酒を命じ、身分証明書を半強制的に取り上げ、一〇〇枚もの反省文を書くか又は辞表を作成するよう命じ、さらには、亡Sが作成した反省文を亡Sの後輩であり亡Sから指導を受けていた女性自衛官に亡Sの前で朗読させるという行為に及んでいるところ、被告Nのこれらの行為は、亡Sに対する指導に伴うものであったことを考慮しても、国賠法上違法であるといわざるを得ない。そして、上記暴行及び暴言を伴う指導については、……同年一〇月以降、……自らの行為が不適切であることを知りつつこれらの行為を継続しているのは明らかであり、悪質である。とりわけ、……同年九月末ないし一〇月初旬から、新しくチーフ作業を行っていたのであり、それに伴う責任感等の心理的負担が増加していたところ、……かえって暴言を伴う指導を激化させていたのであり、その違法性は重大であるといわざるを得ない」。

エ　サッカー大会への出場妨害、説教残業の強要、計画立案から実作業までの担当割当についての判決の判断

一方、判決は右の三項目に関しては、いずれも「違法性を基礎づけるに足りる的確な証拠はない」（判決八二、八三頁）等の理由で原告側の主張を退けている。この点については、後記「判決の限界」で言及する。

（二）加害行為（いじめ）と自殺との相当因果関係を明確に是認したこと

判決は、原告である妻Mの懐妊、同女の離婚交渉、原告K（当時三か月）の出生届を巡る法的手続、結婚に伴う生活上の変化、浜松祭の凧揚げに要する費用問題等の私生活上の精神的負担が自殺の原因であると被告国及びNが主張したことについて、それらが「自殺の原因になどなるはずがない」「亡Sにとってのストレッサーであったとは到底認められない」「被告らの主張は全く採用できない」と、被告らのこの主張の非常識さを厳しく指摘した上で、「被告Nの違法行為と亡Sの死亡との間に事実的因果関係が認められることは明らかである」と認定した（判決一〇八頁）。

そして、前述のとおり「たちかぜ」事件判決が否定した、加害行為と自殺との間の相当因果関係も、以下のとおりきっぱりとこれを肯定した。

「亡Sの自殺は、被告Nの違法行為から通常生じ得る事柄であったというべきであり、被告Nの違法行為と亡Sの自殺との間には、相当因果関係が認められる。被告らは、被告Nには、亡Sの精神疾患の発症や自殺について予見可能性がなく、被告Nの違法行為と亡Sの自殺との間には相当因果関係は存しない旨主張する。しかしながら、亡Sの自殺は、被告Nの違法行為から通常生じ得る事柄であったのであり、いわゆる通常損害に該当し、特別損害には該当しない。そうすると、特別損害について帰責するためには特別事情について予見可能性を要するという観点から、被告Nに亡Sの自殺について予見可能性がなければ相当因果関係が存しないということはできず、被告らの主張は採用することができない」。

「被告Nは、自らが違法行為を行っていたのであるから、その違法行為が亡Sに対して心理的負荷を過度に蓄積させる性質のものであったことも認識できたというべきであり、仮に被告Nに亡Sの適応障害の発症や自殺について予見可能性がなかったとしても、被告国は被告Nの違法行為から生じた亡Sの自殺について、責任を免れることはできない」（判決一一〇〜一一一頁）。

（三）過失相殺を一切認めず、認定損害額全額の賠償を国に命じたこと

前述のとおり、被告側は最終弁論の、それもどん尻で、次の二点を根拠に過失相殺の抗弁を持ち出した。

第一に、Ｓの精神疾患はＮの加害行為が原因の一つであったとしても、同人の私生活における精神的負荷も併存する中で発症したものであるから、その分過失相殺されるべきとの主張である。しかし判決は、この点を「亡Ｓの私生活中の出来事において、自殺の原因の要素となったものがあったとは認めることができない」とあっさり片付けた。

第二に、被告ＮのＳに対する厳しい指導が自殺の原因であったとしても、それは「Ｓの業務に対する積極性の欠如及び規律心の欠如等に端を発していたものである」から、過失相殺されて然るべきとの主張である。この点については、判決は次の理由で被告の主張を退けた。

「確かに、亡Ｓに、業務に対する姿勢に積極性が欠如している事実のほか、飲酒運転という違法行為に及ぶという規律心の欠如とも解される行為に及んでいる事実は認められる。しかし、被告Ｎの亡Ｓに対する指導の違法性は、相当程度顕著であり重大なものであるところ、被告Ｎから指導を受ける契機を亡Ｓが招いているとしても、被告Ｎの亡Ｓに対する違法の程度と比較するに、亡Ｓに係る上記事実は、過失相殺をすべきほどの事情であると認めるには足りない」（判決一一四頁）。

前記（一）で触れたとおり、判決が被告Ｎの加害行為の違法性の重大さ、悪質さを厳しく指摘していることの重要な意味、効果がここに現れているのである。

一抹の不安を抱きながら判決に臨み、主文を聞いた瞬間、迷うことなく「勝訴」旗を選択した所以がここ

にある。

三　判決の限界

（一）加害者Nの違法行為の認定をめぐり

判決が「証拠上」違法性が認められるとした前記五件の加害行為は、結果的には、本件発生後遺族の強い求めに応じて浜松基地内でなされた調査により、自衛隊自身が、Nに対する懲戒処分事由とした五件のみであった（暴力・暴言を合わせて一件とすると四件）。

原告・弁護団は、サッカー大会への出場妨害、「説教残業」や休日出勤の事実上の強要、亡くなる直前の計画立案から実作業までの担当割当による精神的・肉体的過重負荷についても主張・立証を充分尽くしただけに、大きな不満が残る。

ただ穿った見方をすれば、防衛省側にしてみれば、「自分たちと同じ認定を裁判所がしてくれた」と捉えホッとしたはずで、そのことが、この判決に被告国が控訴せず確定させたことに繋がっているのかもしれない（裁判官がそこまで考えてこの判決を書いたとは思わないが）。

（二）被告Nの個人責任の否定

「たちかぜ」事件において横浜地裁は、加害行為と自殺との間の相当因果関係は否定したが、国の責任とともに加害者たる先輩隊員の個人責任（民法七〇九条違反）もきっぱりと認めた。それは、その加害行為が、被災隊員を近距離からガスガンの的にしていたぶる、わいせつビデオの買い取りを強要する等、どう考えても公務員（自衛官）の「職務」とは無関係だったからである。

一方本件で被告NがSに対してなした行為は、確かに外形的には、「その職務においてなされた行為である」と認定されざるを得ない状況下でなされている。

そのため判決は、「公権力の行使に当たる国の公務員が、その職務を行うについて、故意又は過失によって違法に他人に損害を与えた場合には、国がその被害者に対して賠償の責に任ずるのであって、公務員個人はその責めを負わないものと解すべきである（最高裁昭和五三年一〇月二〇日第二小法廷判決・民集三二巻七号一三六七頁等参照）。よって原告らの被告Nに対する請求は、その余の点を検討するまでもなく理由がない」（判決一一五〜一一六頁）と、最高裁判例を根拠にいともあっさり被告Nに対する請求を棄却した。

最高裁判例の壁は厚く、滅多なことでは崩れない。この点も本判決の限界である。

（三）上官ら（ショップ長及び課長）の安全配慮義務違反の否定

この点について、裁判所自身が判決当日に用意し配布した「判決要旨」の二頁では、次のごとく言う。

「S及び被告Nの上官らの安全配慮義務違反については、被告Nの指導が他者の目につかないように行われていたこと等を考慮すると、被告Nの指導によって生じるSの心理的負荷の程度が心身の健康を損ねさせるような過度なものであったことを上官らが認識することが可能であったとは言えず、原告らの主張する安全配慮義務違反は認めることができない」。

単純化して言うと、「NのSに対するいじめは人目につかないように行われていたため、上官らはそのいじめがそんなにひどいものとは認識できなかった」というのである。本判決の理由中、原告らが最も納得できない点がここにある。とりわけ父親は、自分自身が戦闘機等の整備部においてフライトチーフを務め、多数の部下の上官であっただけに、その経験上、なぜ上官らがいじめを防止してくれなかったのか、責任はNだけではなく、N

を注意監督すべき立場にあった上官らにもあるとの強い思いがある。

この点の詳細は、この部分の主張立証を担当した吉原弁護士の投稿に譲るが、前述のごとき積極面とともに右のごとき限界をも併せ持つ本判決についての感想と、この判決を獲得した上での今の私の思いを、項を改めて述べる。

6 残された我々の課題

実は原告側は、被告Nの加害行為の違法性だけでなく、Nの安全配慮義務違反も主張していた。NはSの単に先輩隊員にとどまらず、OJT指導教官であり、一時期には上官（ショップ長）でもあったからである。しかしこの点について判決は、「被告Nの行為は国賠法上違法であるから、これに加えて被告Nの安全配慮義務の懈怠について判断する必要はない」とする（判決九〇頁）。

そうだとすると、同じことはショップ長や課長の安全配慮義務違反についても言える。被告Nの行為が国賠法上違法であり、それによって被告国の賠償責任が認められる限り（そして事実、本判決はそれを理由に主文において原告らの請求をほぼ全面的に認めたのであるから）、ショップ長や課長の安全配慮義務についても「その懈怠について判断するまでもなく」と、この判断をせずに済ませることも法的には可能であったはずである。しかし、さすがに裁判所はそうはしなかった。

原告最終準備書面は、その冒頭であえて「本件で問われている裁判所の責務」と、やや肩肘張ったテーマを取り上げ、次のとおり指摘した。

「自衛隊内での暴力やいじめ・パワハラの横行を阻止し、自衛隊内においても基本的人権の保障が貫徹されるようにするために、自衛隊内において前途ある若者が死を選ばざるを得ない状況に追い込まれているという現実を、本裁判所が正面から認定することが求められている。自衛官の自殺問題の本質に光を当てる判決を下すこと、これが本件で問われている裁判所の責務である」。

ここで「自衛官の自殺問題の本質に光を当てる判決」とは、本件の原因を「たまたま職場にNという問題ある隊員がいた」という、単にN個人の責任に矮小化せず、そうした隊員のいじめ・パワハラを防止できない自衛隊の組織的・構造的原因（それ故に一般公務員の一・五〜二倍の自殺を生み出す真の原因）に迫る判決のことである。そのためには、Nの加害行為の違法性のみならず、Nを含む履行補助者たる上官らの安全配慮義務違反の認定は必要不可欠であった。

だが、我々の期待に裁判所は答えてくれなかった。「当裁判所は、Nの行為の違法性をきちんと認め、それを根拠に国に賠償を命じた。金銭賠償を国に命じて被害の事後的救済を図ることが裁判所の役目であり、その役目・責務は立派に果たした。しかし、『自衛官の自殺問題の本質に光を当てること』＝『自衛官の自殺の防止を図ること』は裁判所の役目ではない」との声が聞こえてくるような気がする。

振り返れば、「さわぎり」事件高裁判決でも、加害行為をした班長の責任は認めつつ、その上官（機械員長、分隊長、副長、艦長）の安全配慮義務違反は認めなかった。「たちかぜ」事件横浜地裁判決でも、原告側が最も重視した最高責任者落艦長の責任は否定された。

裁判には、不幸にも発生してしまった被害の事後救済という限界がある。この裁判で、勝ち取った判決の積極面を多いに活かし、今後の同種の裁判での成果につなげ、そうしたことによって自殺者を生み出す自衛隊の構造的・組織的有り様を変えていくこと、それは我々に残された重い課題と受け止めなければならない。差し当たりは、「たちかぜ」事件の控訴審（東京高裁）での全面勝訴に向けて取り組むことである。

自衛官の人権確立の意義と展望を見据えつつ、一つ一つの裁判で確実に勝利を重ねていかなくてはならない。
それを肝に銘じ、筆を置く。

（浜松裁判弁護団）

2―浜松基地自衛官人権裁判・判決の評価と感想

ショップ長の安全配慮義務違反について―――吉原伸明

私は、浜松基地自衛官人権裁判の原告弁護団の一員でした。私たち原告弁護団は、本訴訟において、被告国に対してほぼ完全勝訴の判決を勝ち取りました。しかし、私たちの主張が認められなかった部分もありました。その一つが、故Sさん及び被告Nの上司であるショップ長N及び課長Oの、被告国の履行補助者としての安全配慮義務違反の点でした。特に私は、ショップ長Nの安全配慮義務違反に関する事実主張及び証人尋問における尋問の一部を担当したので、判決を読んだ時は、この点がとても残念でした。

本件は、まず、故Sさんの妻が、私が以前イソ弁（居候弁護士）をしていた事務所のボス弁（所長）に、被告N、ショップ長N及び課長Oを相手方とする損害賠償請求の調停申立代理を依頼したところから始まりました。このように、妻は、当初から、イジメの張本人である被告Nの責任と共に、その上司の安全配慮義務違反の責任を重視していました。特に指揮命令系統が厳格な自衛隊では、被告Nがどのような酷いイジメを故Sさんにしようとも、上司がその権限を適切に行使しさえすれば、そのイジメを止めさせることができたはずであり、そうすれば故Sさんが自殺に追い込まれることはなかったはずなので、妻が上司の責任も重視したのは当然のことでした。

その調停が不調に終わり、本訴訟を提起する段階になって、被告Nの上司の責任は、故Sさんの自殺に対する被告国の国賠法上の責任を問う前提として、その履行補助者としての安全配慮義務違反の有無という位置づけになりました。そして、私たち弁護団は、ショップ長Nの安全配慮義務違反に当たる事実として、概ね以下の主張をしました。

すなわち、①ショップ長Nは、故Sさんが二〇〇五年五月以降職場内で元気がなくなってきたことを認識していたこと、②被告Nの故Sさんに対する指導が同じ頃から厳しくなったことも認識していたこと、③被告Nと故Sさんが残業しているのを知りながら、二人きりにさせたこと、④ショップ長Nは二〇〇五年二月に赴任してきたばかりで、ショップについての知識が乏しいため、デスクワークを主として、現場作業を被告Nに一任していて、被告Nに対して遠慮があったこと、⑤被告Nの指導が故Sさんのミスが原因だと知りながら、そのミスの内容を調査していなかったこと、⑥同僚Cさんから、被告Nの暴行のことを聞きながら、さらに調査しなかったこと、⑦二〇〇五年一〇月から課長Oの不安がありながら故Sさんの業務を増やし、ミスが続いたのに、故Sさんの負担の重さにつき注意しなかったことなど、でした。

私たちの目から見ても、ショップ長Nが、故Sさん及び被告Nのさらなる身上把握等をしていれば、被告Nのイジメ及び故Sさんの自殺を防止できたはずなのに、明らかにやるべきことをやっていないと考えられる状態でした。

そして、ショップ長Nの証人尋問においても、ショップ長Nが、被告Nの指導の原因である、多いと言われる故Sさんのミスの内容についてあまり認識していないことや、同僚Cさんから被告Nの暴行について聞きながら、それ以上の調査をしていなかったことなどの供述を引き出しました。

ところが、判決は、被告国の国賠法上の責任をほぼ認めながら、上司の安全配慮義務違反については、課長Oの責任だけでなく、ショップ長Nの責任さえ否定しました。

判決は、まず、故Sさんの死亡に係る損害賠償を求めるに当たって、ショップ長Nに必要な安全配慮義務違反は、故Sさんの死亡が通常損害といえるような安全配慮義務違反であること、換言するとショップ長Nが故Sさんに過度の心身の負荷を生じうるような状況にあったことについての具体的予見可能性を要するとしました。

その上で、ショップ長Nは、被告Nの暴言・暴行の一部や一〇月以降のショップの雰囲気の悪化等を認識していたこと、さらなる現状把握が必要であったことは認めながら、被告Nの「指導」が課業後や他者の目につかないように行われていたことや故Sさんの一〇月以降の表情の変化が大きくなかったことなどから、ショップ長Nの認識し得た範囲は限定的であり、被告Nの「指導」により一定程度心理的負荷が生じうることがあることは認識し得ても、前記のような具体的予見可能性までは認められないとしたのでした。

一方で、この判決に対しては、裁判所のバランス感覚の現れという理解もあります。つまり、被告Nのイジメを根拠に被告国の責任を認めて原告の利益に配慮しつつ、その上司の安全配慮義務違反の責任を否定することで被告国・自衛隊組織への影響を最小限度に留めて、被告国の控訴をしにくくしたというものです。

確かに、この判決の論理構成が、第一審で判決確定した理由になったことは否定できません。また、この判決も、ショップ長Nがさらなる現状把握が可能であったのにしていなかったことによって、被告Nの故Sさんへのイジメ自体が継続したことの責任を認めていると読むこともできると思います。

しかし、隊員の自殺に対する上司の安全配慮義務違反の責任を認めさせて、今後の自衛隊内でのイジメによる自殺者をなくさせるという本訴訟の他の目的は達成し得なかったことは残念で仕方がありません。加えて、自衛隊のイジメが隠れて行われることが通常であることからすると、この論理構成では、上司の安全配慮義務違反を理由とする自衛官の自殺の責任を国・自衛隊に問うことが、そもそもできなくなるのではないかとの危惧をせざるをえません。

上司の安全配慮義務違反に関し、本訴訟の中で、私たち弁護団が提出した書証の中に、防衛省自殺事故防止対策本部（二〇〇四年七月発足）作成の幹部用メンタルヘルス教育のためのスライド内容を写したものがありました。その内容は、自衛隊内での自殺者の多さ、自殺の直前は約八割がうつ状態であること、うつ状態の原因の一つにパワハラがあること、それは人に相談しにくいこと、指揮官等に気づき教育を徹底させて、隊員の悩み等へのカウンセリングを充実させることにより未然に事故を防止すること、などでした。

その研修を被告Nの上司が受けていれば、故Sさんの自殺を防止しえたといえるような研修内容であることから、私たち弁護団は、被告Nの上司の安全配慮義務違反の存在を根拠づける証拠として提出しました。しかし、被告国から、その研修は、本件の故Sさんの自殺後に改訂された研修であるとの反論があり、その書証は被告国の責任を認める証拠にはなりませんでした。

勝利報告集会で発言する吉原弁護士

しかし、その研修が現在適切に自衛隊内で行われているのであれば、今後自衛隊内での自殺者防止の対策になり得ることは間違いないと思われます。また、私たち原告・弁護団の訴訟及び他の関連する自衛隊訴訟の継続により、国・自衛隊は、いよいよ自衛隊内での自殺防止対策に本腰を入れて取り組まざるを得なくなっているのは、間違いないところといえます。そうであれば、今後自衛隊内でイジメの存在を認識した上官の具体的予見可能性の範囲が拡大する方向で変化していくかもしれません。

私たち原告・弁護団の活動が、今後、自衛隊内での自殺者がゼロになることの助けにいくらかでもなることを願って、この文章を終えたいと思います。

（浜松裁判弁護団）

周囲のご協力――感謝と期待

外山弘宰

二〇一一年三月一一日に起きた東日本大震災に関連するテレビニュースが、航空自衛隊松島基地が津波の被害に遭っている場面を映していた。私はそれをテレビで観ながら、Tさんとご家族は果たしてご無事だろうかと祈らずにはいられなかった。後日、ご家族そろってご無事であることが判明して安心した。

われわれ弁護団が、宮城県の松島にいたTさんに初めて話を聞きに行ってから、二年八か月が経っていた。

松島での聴き取り

二〇〇八年四月、本件訴訟提起をしたにもかかわらず、被告国（自衛隊）との間で証拠開示をめぐる攻防が続いていていて、われわれ弁護団の手元には証拠といえるものはほとんどなかった。そこで、少しでもSさんについての状況を把握するために、弁護団はSさんの周囲にいた上司・同僚・先輩・後輩の方々から話を聞くことにして、Sさんの妻Mさんを通じてコンタクトをとった。

その結果、五名の方が協力してくださり、順次話を聞くこととなったが、最初に話を聞いたのはショップの元上司Hさんで、二〇〇八年六月のことであった。

その翌月、二番目に話を聞いたのがTさんであった。TさんはSさんの後輩隊員で、同じ職場で働いていていじめの状況に限らず、広く事実関係をよく知っている方であった。Tさんはすでに自衛隊を除隊して、航空自衛隊松島基地所属の隊員と結婚をして松島にお住まいであった。そのため、二〇〇八年七月六日原告のSさんご両親・妻のMさん・長男Kくんと弁護団から塩沢忠和弁護士・吉原伸明弁護士・外山の三名が、松島にある大きな観光ホテルに向かった。Tさんは、夫と一歳くらいの長男とともにご家族で約束の時間に来てくださり、Tさんから二時間あまりにわたって話を聞くことができた。

正直なところ、Tさんは一体どこまで心を開いて話をしてくれるのだろうかと心配していたが、それはまったくの杞憂に終わった。TさんはNによるいじめやそれに対するSさんの様子について、いくつもの具体的で重要な事実を話してくださった。また、われわれはTさんの話から、Tさん自身もNからセクシャルハラスメント被害を受け、大きなストレスを抱えていたことを知った。

報告集会で発言する外山弁護士（2011 年 1 月）

また、Tさんはわれわれと会って話をしてくださることについて、あらかじめ夫の上司を通じて自衛隊側の内諾を取ってあり、自衛隊の内部調査で述べたことを原告弁護団に対しても述べることを通知していたことを聞かされて、手回し良く、筋をきちんと通す姿勢に感心した。

この聴き取りの翌月、陳述書にTさんの署名捺印をいただいて、いじめの具体的事実関係についての準備書面とともに提出した。もっともこの時点では、Tさんについては陳述書作成・提出が限界であって、証人出廷はまず協力してもらえないだろうと弁護団は考えていた。

二度目の松島訪問

その後、二〇一〇年に証人申請をする段になって、原告側証人として当事者以外に考えられるのは、どう見てもTさんしかいなかった。Tさんさえ証人になってくれれば原告にとってこれほどありがたいことはなかった。しかし、現職自衛隊員を夫に持つTさんが簡単に応じてくれるとは思えなかった。ダメでもともとという気持ちでMさんを通じてお願いしたところ、Tさんが承諾してくれたことは驚きであった。しかも、仙台ではなく、浜松まで来て証言くださるとの言葉にTさんの強い意思を感じた。

本訴訟での証人尋問は、二〇一〇年七月から一二月にかけて五回にわたって行われたが、そのハイライトであるTさんの尋問は、二〇一〇年一二月六日に予定されていた。そこで、その準備のため同年一一月、Sさんご両親とMさん・Kくんとともに、吉原伸明弁護士と私は、再びTさんから話を聞くために松島に行った。出産して間もないTさんは、生後一か月あまりの次男を腕に抱く夫と、一回目の聴き取りから二年あまりが経ってかなりやんちゃになった長男の四人家族で待ち合わせの料理店に来てくださった。われわれはTさんがなぜここまで原告に協力してくださるのかなどについて話を聞いてみた。

Tさんは、もともと自衛隊に憧れて入隊しており、できるだけ長く勤務を続けようと思っていたのであり、自衛隊を除隊したのは結婚が直接の理由ではなかったという。ショップ勤務当時からNによるセクハラやSさんへのいじめを間近で見てきたことなどにより、大きなストレスを受けていたTさんは、Sさんが自殺してしまったことで、さらに強い精神的ショックをうけた。

そのため、上司に対して職場の異動を願い出たが、それを聞き入れてもらえなかったことから、Tさんは自身の健康を保つために退職せざるをえなくなったのであった。その後、原告側から本訴訟への協力を求められて、Tさんは自らが証人として真実を明らかにすべきという正義感と退職を余儀なくされ人生設計を狂わされたことに対してけじめをつけようという気持ちから、それに応じてくださったのだった。

この二回目の聴き取りを受けて、われわれはTさんの陳述書を再度作成し、証拠提出した。

証人尋問

Tさんの証人尋問当日、初めてNが法廷に姿を見せた。その姿を見たTさんの目には一瞬動揺が走ったが、すぐに気持ちを切り替えたようだった。尋問は何の問題もなく終わった。これはひとえに知力と胆力に優れたTさんのおかげである。主尋問は打ち合わせどおりに答えてくれて、反対尋問に対しても一切ブレることなく答えてくれた。

Tさんが尋問を立派にやり遂げたことについて労いと御礼の言葉を述べようとしたが、尋問後の報告会などでバタバタしていたため、それを伝えることができなかったことがとても残念である。


私は個人的には、自衛隊という組織・存在は嫌いではない。東日本大震災をはじめとする災害等における救助・救援活動は、仕事とはいえ立派としかいいようがないし、頭が下がる思いがする。Tさんが今回、原告側証人として出廷してくださったのは、彼女の強い意思に加えて、Tさんの夫の上司が事情を理解して、そういう事情ならば協力してあげなさいと快く送り出してくれたことがあったと聞いた。そのような方がいる自衛隊は、救助・救援活動をしている自衛隊の姿と重なってくる。

このような協力を得られたことは結果として非常に大きくて、本訴訟の勝訴につながったことは間違いない。非常に残念ながら、本訴訟と似たような事件はその後も各地で起こっている。しかし、Tさんご家族やTさんの夫の上司のような心ある人たちは自衛隊の中にも少なからず存在し、真実発見のために被害者側への協力を惜しまないであろうと信じたい。

（浜松裁判弁護団）

自衛官人権裁判で学んだこと――西ヶ谷知成

私が浜松基地自衛官人権裁判の弁護団に入ることになったのは、二〇〇九年一二月ころに頂いた塩沢先生からの一本の電話がきっかけだった。「浜松で自衛官のいじめ自殺事件をやっているが、人手が足りない。手伝ってくれないか」との連絡を突然頂いたのである。

当時、私は弁護士四年目、四つの労働裁判を同時進行的に担当するとともに、アスベスト弁護団、安倍川製紙労働事件、C型肝炎訴訟、静岡空港住民訴訟などの社会的事件にも参加して、多忙を極めていた。そのような状況の中で国賠訴訟に参加するなど、とてもできそうもない。私は塩沢先生から頂いた電話で、即座にお断りをした。

しかし、一旦断ったものの、その後何日か心に引っかかるものがあった。心身共に屈強であろう自衛官がいじめによって自殺してしまったのには、きっと凄まじい背景や事情があるに違いない。ご遺族はどんな思いで訴訟提起したのだろう。塩沢先生はどうして静岡のボクに声をかけてくださったのだろう。せっかく声をかけてくださったのに、それを断ると自分の成長の機会を失うのではないか。何日か、心がざわざわしていた。数日後、私は塩沢先生に、事件を手伝わせてもらうことを電話で連絡した。あれから約一年、弁護団に参加させて頂いて、本当にすばらしい経験ができた。

弁護団会議では、若手、ベテランの垣根を越えて闊達な議論がなされた。それ自体も大変勉強になるものであったが、ベテランの先生方の熱意や意気込みがひしひしと伝わってきて、弁護士のあるべき姿、生き様を感じることができた。

また、反対尋問の経験も積むことができた。いじめを行ったN、その上司二名に対する反対尋問という重要な役割をやらせていただいた。うまくいかない部分もあり、反対尋問の難しさを改めて感じさせられたが、その中でも一部、判決に反映された供述を引き出すことに成功した。

そして、何より良かったことは、ご遺族や支援者と共に勝訴を喜び合えたことである。ご遺族は、いじめによって家族を失ったつらさ、いじめを行った人間やそれを見て見ぬふりをした上司に対する強い怒りをお持ちだった。その気持ちに勝訴という形で応えることができ、とてもほっとした気持ちになった。

また、今回の訴訟で特徴的だったのは、訴訟に対する支援の輪が広がり、毎回大勢の支援者が傍聴に来てくださったことである。証人尋問の際には、相手方の不合理な供述に対して傍聴席から「えー」といった声もあがり、相手方としては大変やりにくさを感じていたことであろうし、裁判官も「いい加減な判決は書けない」というプレッシャーを感じたに違いない。裁判をやって、初めて支援者に支援される心強さを感じたし、また自分のことのように事件と向き合う支援者の姿に感動させられた。

7.11 勝訴後の会見・集会で発言する西ヶ谷弁護士

今回の事件を受けたときと現在とで、自分の状況は何ら変わっていない。静岡空港住民訴訟はまだまだ続いているし、第二東名訴訟や生活保護裁判で静岡市を相手に新たな訴訟もやっている。浜岡原発永久停止を求める訴訟にも参加しているし、労働事件も増える一方だ。

しかし、今回、多少の無理を押してでも参加したことで多くのものを得た。経験を忘れてはならない。世の中を少しでも良くしていく仕事ができればと、弁護士を目指した頃の初心を忘れずに、これからも積極性をもって強い心で弁護士業務に臨んでいきたい。そして、塩沢先生や龍田先生のような歳になっても、先生方のような熱い弁護士でいられるように、日々を積み重ねていきたい。

（浜松裁判弁護団）

声明　浜松基地自衛官人権裁判二〇一一年七月一一日静岡地裁浜松支部判決の確定にあたって

二〇一一年七月二五日

航空自衛隊浜松基地人権裁判弁護団・航空自衛隊浜松基地人権裁判を支える会

去る七月一一日静岡地方裁判所浜松支部が下した判決（以下、「本判決」という）に対し、本日、被告国は控訴しない意向を表明した。本判決は、その理由において原告らが納得できない部分もあるものの、結論としては、原告らが求める請求をほぼ全面的に認めて被告国に八〇〇〇万円余の賠償を命ずるものであることから、原告らも控訴せず、これにより本判決は確定することとなった。故Sの自殺から五年八か月、その真の原因究明と責任の所在を追及してきた原告らの長い道のりの闘いが、ようやく原告ら遺族を救済する勝訴判決によって結着する。弁護団及び支える会として、そのことをまずもって率直に喜びたい。

本判決は、以下の三点で、正義と道理にかなう正当な判決と評価し得るものである。

第一に、加害者Nの行為の違法性を厳しく糾弾していること。本判決は、先輩隊員Nが故Sに対して加えた数々の暴力・暴言、身分証取り上げ、反省文作成の強要、後輩女性隊員にこれを朗読させてSをことさら辱めたこと、禁酒命令等が違法であり、しかもその違法性は顕著・重大であるとする。さらに、Nの主観的意図が特段の事情なき限り指導目的であったとしても、故Sが妻の出産が間近に迫って出産休暇を申し出た時に加えた平手打ちや、反省文をことさら後輩女性隊員に朗読させたことは、「純然とした指導目的とは到底言えない」としている。このことは、実質的には、原告らが言うところの「いじめ」の存在を、部分的ではあっても認めたものと言うことができる。

第二に、Nの違法行為とSの自殺との相当因果関係を明確に認定したこと。被告らは、Nには故Sの自殺について予見可能性がないことを理由に、Nの行為とSの自殺との間に相当因果関係はないと主張した。しかし本判決は、故Sの自殺はNの違法行為から通常生じ得る事柄であり、通常損害であって特別損害ではないとした上で、「特別損害について帰責するためには特別事情について予見可能性を要するという観点から、被告Nに亡Sの自殺について予見可能性がなければ相当因果関係が存しないということはできず、被告らの主張は採用することができない」と、被告らの主張を明確に退けた。海上自衛隊たちかぜ裁判での本年一月二六日横浜地裁判決が、護衛艦内でのいじめを明確に認めながら、予見可能性がないことを理由に自殺との相当因果関係を否定したこととは対照的である。本判決の以下の判示は、たちかぜ控訴審裁判での勝利に活かされるものであると確信する。

「被告Nの違法行為は、亡Sに対して心理的負荷を過度に蓄積させる性質のものであった。心理的負荷が過度に蓄積すると心身の健康を損なうおそれがあることは周知のところであり、本件においても、まさにそのようなおそれが現実化し、亡Sが精神疾患である適応障害を発症し自殺に至っているのである。そうすると、被告Nは、自ら違法行為を行っていたのであるから、その違法行為が亡Sに対して心理的負荷を過度に蓄積させる性質のものであったことも認識できたというべきであり、仮に被告Nに亡Sの適応障害の発症や自殺について予見可能性がなかったとしても、被告国は被告Nの違法行為から生じた亡Sの自殺について、責任を免れることはできない」。

第三に、被告国の過失相殺の抗弁を一切認めなかったこと。被告国は、裁判の最終局面で、私生活上の問題も自殺の原因になっているとか、職務における積極性の欠如や能力不足故にNからの厳しい指導を受けたとして、これを理由に過失相殺を主張するに至った。しかし本判決は、「過失相殺をすべきほどの事情と認めるに足りない」とこれを否定し、結審直前に公務災害としての認定があったことからその損益相殺のみを認め、損害額としては、原告らの請求をほぼ全面的に認定し、被告国に対し八〇〇〇万円余りの賠償を命じた。

自衛隊員のいじめ（パワハラ）自殺事件で、公務災害の認定を勝ち取り、且つ国賠請求で上記のごとき高水準の賠償をも勝ち取ったことの意義は大きい。

しかし一方、本判決は、上司であるSHOP長及び課長の安全配慮義務違反に関しては、被告Nの行為が他者の目につかないようになされていたため、Sの心身に過度の負荷が生じていたことを予見できなかったとの理由でこれを認めなかった。原告らは、単にNのいじめだけが問題なのではなくこれを放置してきた上司にも重大な責任があると考えるだけに、本判決のかかる認定には納得できない。今なお年間一〇〇人近い

7.11 勝訴判決

自殺者が出る自衛隊においてこれを防止するためには、職場における人間関係や職務実態に十分目を配り、部下の心身の健康状態を常に安全に保つべき上司の責任こそが問われなければならない。

我々はこの裁判で、「自衛隊内での暴力やいじめ・パワハラの横行を阻止し、自衛隊内においても基本的人権の保障が貫徹されるようにするために、自衛隊内において前途ある若者が死を選ばざるを得ない状況に追い込まれているという現実を、裁判所に正面から認めさせることが求められている。自衛官の自殺問題の本質に光を当てること、これが本件で問われている核心である」と訴えた。

裁判所はしかし、原告らの被害救済については正当な結論を下したものの、上記訴えにはまともに答えていない。やはりこれが裁判の限界と言うほかない。それだけに我々は、被告国(とりわけ防衛省)に対し、本判決の結論を真摯に受け止め、本件のごとき不幸な事件をこれ以上再発させないよう強く求めるとともに、たちかぜ控訴審裁判をはじめ、全国各地に係属している同種人権裁判での勝利のため連帯して闘うことを、この機会に改めて表明するものである。

自衛官の人権と尊厳を守れ

照屋寛徳

「浜松基地自衛官人権裁判」を、被告国を相手に闘った原告・弁護団の皆さん、裁判闘争を支援して下さった静岡県平和・国民運動センターの仲間や多くの皆さんに心から敬意と感謝を申し上げます。

航空自衛隊浜松基地のS隊員が、同僚からの執拗な暴言、暴行等のイジメにより、精神的に追い詰められ、自殺に追い込まれた事件を最初に知ったのは、いつだったか、正確に、すぐには思い出せない。

私が、この事件を知る契機となったのは、当時、護衛艦「さわぎり」で発生した同じようなイジメ自殺事件で、控訴審（一審では敗訴）を闘っていた控訴人（原告）Hさんが S隊員の両親を同行して、沖縄県宜野湾市にある私の法律事務所を訪ねてきた時であった。法律事務所で初対面した時のS隊員のご両親の強張った表情は、今でも克明に記憶している。

私は、参議院時代に、護衛艦「さわぎり」の事件を知り、社民党の同僚議員らと護衛艦「さわぎり」の艦内を現場検証し、以来、Hさんとは懇意にしていた。Hさんが「さわぎり」の事件で国を被告として提訴し、裁判闘争を始めた頃は、自衛官のイジメによる自殺で国の責任を問う裁判闘争は皆無の状態であった。

7.11 勝訴を受けて発言する、照屋寛徳弁護士

私は、Hさんの、わが子の「無念死」に対する国の責任を問う困難な裁判闘争の経緯と苦悩、弁護団の苦闘も良く知っている。一方で、Hさんの母親としての優しさと強さ、子を思うたくましい生命力にも感銘を受けた。Hさんと知り合って以降、私は、国会議員として、様々な委員会審議を通じて、自衛隊（防衛省）の責任を追及してきた。「さわぎり」事件弁護団としても末席に名を連ねた。

正直、初対面のS隊員のご両親は、国を被告として裁判を提起する事を大いに躊躇している様子だった。個人で強大な国家権力を相手に、裁判を起こす事に不安を抱くのは、ごく当たり前の感情であろう。長い弁護士経験でその事が良く理解できた。

だが、私は、S隊員の父親が、ウチナーンチュだと教えられ、しかも、父親ご本人も元自衛官で「自衛隊一家」のような環境の人だと知り、余計にHさんと二人で熱く、S隊員の名誉と尊厳を守り、家族の無念を晴らし、この種の自殺事件の根絶のためにも、「提訴」の意義を説いたのである。話し合いを通して、ご両親の心に決意の変化を感じた。後に、S隊員の妻や家族を説得し、提訴するまでにさらに苦労があったと聞いた。

その後、Hさんの護衛艦「さわぎり」事件も福岡高裁で逆転勝訴し、しかも、控訴審判決の内容は、今後の自衛官人権裁判の指針とすべき画期的なものになった。

S隊員のご両親も、その後、塩沢忠和弁護士を中心に、良心的かつ情熱的な弁護団と出会い、静岡県平和・国民運動センターの皆さんも支援の隊列に加わった。私は、沖縄平和運動セ

原告勝訴を受けて防衛大臣が原告に謝罪（2011年7月）

ンター事務局長の山城博治さんにも事件の経緯を伝え、連帯と支援をお願いした。彼は、裁判傍聴にも駆け付けてくれた。その間、Hさんの地道な努力で、S隊員の事件とは別の護衛艦「たちかぜ」の裁判も提起された。

正直に告白すると、私は現在の自衛隊は違憲の存在だ、との立場である。弁護士としてだけではなく、国会議員としてもその考えに立つ。かつて、復帰直後の「基地の島　沖縄」への自衛隊配備反対闘争にも関わった。今でも自衛隊の海外派兵や武器使用、「武器輸出三原則」をなし崩し的に緩和することに反対である。憲法を改悪して、自衛隊を「自衛軍」にしたり、集団的自衛権を行使することを容認するのにも明確に反対する。

一方で、自衛官の人権と尊厳は大事に守られなければならない、との考えに立つ。自衛官が上司や同僚らによるイジメから自殺に追い込まれるような職場環境であってはならない。私は、自衛隊にも「軍事オンブズマン制度」を作り、その人権を守れと国会で訴えている。最近になって防衛省も「軍事オンブズマン」制度導入を研究する動きを示している。遅きに失したとはいえ、半歩前進だ。

さて、二〇一一年七月一一日に言い渡された「浜松基地自衛官人権裁判」であるが、私は、ほぼ全面勝訴だと評価する。たしかに、

Ｓ隊員をイジメた同僚上司の安全配慮義務については、原告、弁護団の主張通りの認定にはならなかった不満は残るが、裁判を提起し、国の責任を追及した目的は十分に達せられたと確信する。

二〇一一年七月二五日、Ｓ隊員の妻、ご両親と一緒に北澤防衛大臣（当時）に面会し、国による控訴断念の申し入れを行ったところ、謝罪と控訴断念の表明を聞いた時は、素直に嬉しかった。Ｓ隊員の無念を晴らしたご両親は、初対面の時よりはるかに表情が和らいでいた。Ｓ隊員の妻も涙を浮かべ感極まったようであった。

さあ、今度は護衛艦「たちかぜ」の控訴審を勝訴すべく関係者一同でがんばりましょう。自衛官の人権と尊厳を護るために国を撃つ闘いは続く……。

（二〇一一年「一〇・二一国際反戦デー」の日に、衆議院議員・弁護士）

被告Ｎの行為は「指導」と称したいじめ――浜松裁判原告　父

息子は、自衛隊に希望を抱き、自分から進んで入隊したのですが、部隊配置になり、しばらく経ったころから、「仕事を教えてもらえない、ガミガミ怒鳴られる、嫌な先輩がいていじめられている」と私たちに語っていたのです。そのような事があり、私は息子の自殺はいじめを苦にしたものであると思いました。息子の無念な思いと私たちの辛く悲しい思いを晴らすには裁判をするしかないと決めたのです。しかし、いざ国が相手となると、自分自身も元自衛官という立場から後ずさりし、親戚や身内の反対もあったため、悩みました。それを押し切って裁判に踏み込んだのは、息子はいじめから逃れるには死ぬしかないとまで追い詰められ、そのように追い込んだ被告Ｎを許せないという強い怒りがあったからです。

防衛省では自殺の原因を「病苦」・「借財」・「家庭問題」・「職務」・「その他・不明」に区分し、「いじめ」による死は「その他・不明」とされています。私たちは、息子の自殺の原因は「不明」ではなく、被告Nのいじめによるものであることを明らかにするために、裁判を闘いました。

しかし、裁判所の判断は、「被告Nによる亡Sに対する暴行は、いじめ目的としてなされたものであると認めることはできない。結局、被告Nは、亡Sに対し暴行に及んだが、これは指導の一環として暴行に及ぶことは許容されるという考えから、これを行ったものであると認めるのが相当である」(判決文より)。果たしてそうでしょうか。私には被告Nの行為は、息子を指導するために行ったものとはとても思えないのです。

被告Nは、指導と称して、息子に対して「バカ」「死ね」「辞めろ」と高圧的な態度で怒鳴り散らして人格を蔑視し、「殴る」「叩く」「蹴飛ばす」「手に持っている工具の取手で叩く」「作業用ライトで叩く」等々の暴力を振るい、課業終了後に数回正座をさせて説教をする、講演中に居眠りしたとして「反省文一〇〇枚書くか辞表を書け」と強要する、身分証明書を取り上げる、禁酒を命じる、息子がイラク人道復興支援要員に指定されると「何でお前がイラク行くのか、行くべきでない」と怒鳴り散らす、巻き舌で「五体満足におられないようにしてやろうか」などと脅すなど、息子を蔑み、落ち込ませ、人間としての尊厳を傷付けるような酷いことを行ったのです。

このようなことが、現在も自衛隊で隊員指導の一環として行われているとすれば、自殺者が減ることはないでしょう。

被告Nは、自衛隊に入隊以来一五年にもなる隊員です。被告Nが未だに指導の一環として暴行に及んでも良い、それが許されるものであると思っているとすれば、それ自体が異常であり、それは自衛隊の組織風土から来るものであるとしか思えないのです。指導をしているということであれば、いじめ行為であっても大目に見てもらえるのが自衛隊です。第二整備課の課長が、「私も若い時には、厳しい指導を受けました」と語っていました。その厳しい指導の程度については、その人の感じ方にもよりますが、要するに自分たちもやられたから同じようにやって良いのだという感覚です。息子の直属の上司であるショップ長の弁では、「何処までが厳しい指導で、何処からがいじめなのか、その違いの線引きができない」とのことです。

現場の末端で指導する立場の隊員に、指導といじめとの違いの認識がないために、息子の惨事は起こるべくして起きたのです。今後も同じような事が起き、若い隊員の尊い命が無能な指揮官・上司によって危険にさらされる事になります。自衛隊の自殺者の原因区分では、半数以上が「その他・不明」とされています。その中には、いじめを苦に亡くなられた方々が含まれているものと思わざるを得ないのです。

防衛省での「いじめ」とは一般に、弱い者を苦しめることを言うそうです。息子は自衛隊の階級社会のなかで口答えもできない弱い立場にありました。被告Nの身勝手極まりない指導と称した理不尽な行為が長期にわたって加えられ、息子に精神的・肉体的苦痛を与えたことに間違いありません。工具の取手や作業用ライトで人を叩くという行為は、整備員としての基本の心構えができていない証拠であり、整備員として恥ずべき行為です。被告Nは、けっして指導という大義の下に息子を教え導こうとしたのではありません。〝指導〟という御旗の下に息子をいじめただけです。

その証拠に、被告N本人も認めているように、息子の実務訓練（ＯＪＴ）の指導員であったのにも関わらず、一切指導らしい指導はしなかったのです。「一回教えたことは二度と言わないからしっかり覚えておけ」と叩かれ、教えてもらいたくても教えてもらえない、「自分で調べろ」とガミガミ怒鳴られると、息子は嘆いていました。

このように、被告Nには、息子を教え導こうとする気持があったとは到底思えないのです。あったのは、息子をどのようにいじめてやろうかという思いだけです。

被告Nによる、身分証明書を取り上げたり、外出禁止を命じたりするという行為は何の権限も無いものであり、重大な規律違反です。それを承知の上で行ったのですから、いじめが目的です。

息子が実務訓練の指導員として教えていた後輩女性隊員は、「課業終了後に二人で一緒に手を洗っているときに、Sさんが私に、『これはいじめだよな』、『辞めたい』、『死ねたら良いのに』と言っていました」と証言しました。

また、被告Nの性格と日常の暴力行為についても、「被告Nは、しょっちゅう、亡Sさんの頭をどついたり、叩いたり、後ろから背中や足を蹴飛ばすなどの暴力を振るっていました。机やごみ箱を蹴るようなことも常でした。被告Nは用心深くて、亡Sさんに対する暴行や暴言は他人に見つからないように行われていて、人目を気にする人間で、怒鳴り声等が隣り合う格納庫に聞こえ、自分がどう思われているか等も常々気にしていました」とも証言しました。N自身がいじめ行為であると認識しているから、他人の目を気にしていたのです。

第一術科学校長も「被告導ではなくいじめ行為なのであります。

裁判所が、被告Nが指導の一環として行ったとする行為で、違法と認定した事項は以下です。

○身分証の取り上げ
○反省文一〇〇枚か辞表を書けと命じた
○息子が書いた反省文を息子の面前で、後輩女性隊員に朗読させた
○禁酒を命じた
○嫁のお産による特別休暇取得願いで、被告Nと息子の遣り取りの中での暴行
○チーフ作業を命じながら、適切な指導をすることなく、暴言を伴う指導を激化させた

裁判所は、被告Nの違法行為と息子の死亡との間に、事実的因果関係と相当因果関係が認められると認定しま

した。息子の死が指導の一環としての行為によるものか、いじめによるものかはさて置き、いずれにしろ、被告Nによって自殺に追いやられたんだと認定して頂いたとして、私はこの裁判をよしとしました。

本当に被告Nに息子を教え導こうとする気持があったならば、「一回教えた事は二度と言わない」などとは言わずに、実務訓練の指導員としての責務をしっかり果すべきでした。被告Nの息子に対する生殺与奪の権があるが如くの振る舞いは、身勝手極まりない行為であり、許しがたい思いで一杯です。当時のショップ長が被告Nの行為を意のままに放置したことは職務怠慢であり、許されざるものです。また、整備部の準曹士先任が自分の職務・職責をわきまえずに、「被告Nを来年三月に転属させるから」という根拠のない話をして、被告Nとの関係に悩んでいる息子に期待させたことは、心ない対応でした。それぞれの立場の隊員が、その職務・職責を果たさなかった事が、息子を自殺へと追いやった原因です。

この裁判では、多くの方々からご支援をいただき、また素晴らしい弁護士の先生方のご尽力によって、勝訴となりました。息子の自殺の原因は「不明」ではなくなり、公務災害も認定されました。「殉職者」として自衛隊で祀られるようになり、息子の名誉も回復されました。弁護士の先生方をはじめ、献身的に活動をしていただいた支える会の皆様と多くの方々の御蔭だと心から感謝いたします。

息子を失った悲しみは消える事はありませんが、これからも、息子の仏壇とお墓の前で、親としての役目を果たさなかったこと、いじめから救ってやれなかったことを「ごめんね」と許しを請い、冥福を祈っていきたいと思っています。

裁判を振り返って思うこと――浜松裁判原告　母

明るく元気で泥んこになりながら遊んでいる姿に笑ったり、時には淋しそうに黙っている姿を思いうかべ、会えた気がして嬉しかったり、胸が苦しくなったりします。

高校を卒業して大きな夢を持って自衛隊に入隊し、父の様になりたいと胸を膨らませていました。親戚一同で盛大に送り出したのです。それが入隊一〇年余りで、帰らぬ人となりました。今年は七回忌を迎えます。一〇年余りの間に何があったのでしょうか。自衛隊での生活はとても楽しく、友達もたくさんできました。でも息子は、職場で一人の先輩だけは意地悪く苦手で、いじめとしか言えないと愚痴っていました。親が出ていくとなにかと後で余計にやられたらいけないと、本人も私達も思っていました。

二〇〇五年一一月一三日は、京都の息子の所に行った帰路でした。伊丹空港の出発ロビーで待っている私達の元に、突然息子が亡くなったという連絡が浜松のお父さんより入ったのです。家庭もでき、子供もでき、日々電話で子煩悩ぶりを見せていたのになぜ、何があったのか、信じられない思いでした。でも思いあたる事が一つだけありました。常日頃の先輩の存在でした。

息子をいじめから助けてやれなかった自分を責め、人と会うことも外へ出ることもできず、苦しい毎日が暫く続きました。主人は、息子は自ら命を絶つ子ではない、許せないという強い信念を持っていました。

そこで、「さわぎり」裁判の御両親を知り、連絡を取りました。すると、すぐに駆けつけてくださりました。どうして良いのか分からず、泣いたり悔やんだりと、やるせない気持でいる私達を支えてくださり、とても感謝しています。衆議院議員で弁護士の照屋寛徳先生に会うために、沖縄まで一緒に行っていただき、訴えることができました。また、長崎まで一緒に行き、弁護士の龍田紘一郎先生を紹介していただき、相談できました。自分達も悩みながら、恐れながら伺ったのですが、じっくりと何回となく話を聞いてくださりました。裁判は現地の浜松が良いと弁護士さんを紹介してもらいましたが、私達が思うようにはなかなか進みませんでした。

不安ななか、「さわぎり」裁判のお母さんから、福岡で今は亡き元参議院議員の吉岡吉典先生を紹介していただきました。吉岡先生は優しい方で、私達の悩み苦しみをじっくり聞いてくださりました。吉岡先生は、わざわざ東京から浜松まで行かれて、「たちかぜ」裁判の弁護団長・岡田尚先生の友達（同期）の弁護士、塩沢忠和先生に私達の弁護を依頼してくださりました。二〇〇九年一月に私達も塩沢先生にお会いして、話を聞いていただきました。その結果、引き受けていただく事になり、急速に裁判へと展開して行きました。私達はこの時、神様が現れたと心の中で思いました。

その間、鹿児島、宮崎、福岡などに出かけ、九州弁護団会議や憲法九条の会、社民党、共産党などのあらゆる集まりに顔を出させていただき、訴えて参りました。国会の方にも、社民党党首の福島瑞穂先生、照屋寛徳先生、山内徳信先生、服部良一先生、新党大地の鈴木宗男先生、共産党の赤嶺政賢先生、佐々木先生とたくさんの先生方にお会いさせていただき、訴えて参りました。

私達夫婦は宮崎の田舎暮らしで、人前で話す事も無く、のんびりと過ごしていました。裁判が始まってからは、皆さんの前で訴えなければならない事が山ほどあるのに、頭の中が真っ白になり、言いたい事の半分も言えずに帰ってくる事が多かったのです。

裁判の中で国側は息子の至らなさばかりを出してきました。それは辛く、悔しいことでしたが、弁護士の先生方や支える会の皆様の温かい励ましで、私達は気を取り直して宮崎へ帰ったものでした。浜松駅前でのチラシ配り、裁判傍聴への参加呼びかけと、我が事のように親身になってやっていただきました。有難く、心から感謝しています。支える会の皆様をはじめ、全国から私達の裁判を応援するための署名が九万筆近く集まり、本当に感謝の気持ちで一杯です。

私達も泣寝入りせずに良かったと心から思います。また、息子が自衛隊でどのような状況にあったのかを語ってくださった先輩、同僚、後輩の方々に感謝致します。それから法廷で凛として証言をしてくださった息子の後輩には、有難い気持で一杯です。裁判官が同じ人間として、しっかり善悪を見極めてくださった事に感謝いたします。また、北澤俊美防衛大臣は二度にわたり、私達と会ってくださりました。その優しい心の籠ったお言葉はとても有難く、やっと息子の無念が晴れた気がしました。「大きな夢を持った若者をこのような形で失った事はとても残念です。今後はこのような事が二度と起きないように、防衛省としても全力でメンタルヘルスやオンブズマン制度等見直して行きたい」と仰っていました。その場にいた防衛省の人達が、この言葉をしっかりと胸に刻み、今後に繋げてくださる事を願ってやみません。

息子は自衛隊で、生ある限り精一杯頑張っていたのだと信じます。東日本大震災で、多くの自衛官が人命救助に災害派遣に頑張っている姿を見て、きっと息子も生きていれば、真っ先に「行きます」と手を上げていたことでしょう。息子はそういう子です。

私達への判決がいま現場で悩みを持ちながら頑張っている皆さんの問題解決につながり、心を痛めること無く誇りを持って自分の仕事に打ち込めるような職場になることを願っています。どこかで私達のように苦しみを味わっている人達が居るのなら、できる事があれば手を差しのべたいと思います。大切な命です。一人で悩まず、恐れず、まず一歩踏み出して相談してください。

最後に、息子を失った悲しみは消える事はありませんが、息子が安らかに眠ってくれるように心静かに過ごしたいと思います。残された妻と子が一生懸命に生きて行って欲しいと願います。それと共に亡き父が一生懸命に頑張って働いていた自衛隊が、誇りに思えるように変わって欲しいと願います。何時か大きくなった孫に、祖母として自慢の息子であったよと、たくさん思い出話を聞かせてあげたいです。

この裁判に携わってくださった弁護士の先生方、支える会の皆様、全国から応援くださった皆様に心から感謝致します。そして、今闘っている「たちかぜ」裁判、「命の雫」裁判、前橋裁判の皆さん、絶対に勝てると信じています。頑張ってください。

裁判という一つの区切りを終えて——浜松裁判原告　妻

正直、裁判が終わって五か月経った今でも、心から喜び、笑い、平穏な日々が送れる日はありません。六年前のあの日から時は止まったままで、私の心はぽっかりと穴があいたままです。決して主人が帰ってくることがないからでしょう。

それでも裁判を起こしたのは、主人の無念を晴らしたい一心でした。私にしかできない、私がしないといけないことだと思ったからです。しかし、素人の私には裁判の大変さが全くわかっていず、ただ弁護士の先生を始め支援の方たちについていくことで精一杯でした。打ち合わせから全てを段取りしていただきました。皆さん無くして裁判勝訴はありませんでした。本当に心から感謝しております。ありがとうございました。

しかし、どうしても「裁判勝訴、おめでとう」の言葉をいただいても、「ありがとうございます」と心から言えない自分がいます。また、「頑張りましたね。原告の方が頑張ったからこそ、ですよ」と声をかけてくださる方がたくさんいるのですが、決して私が頑張ったわけではありません。

Sさんの遺品とともに判決に臨んだ原告

頑張ったのは主人です。

自衛隊という大きな組織の中で、主人一人で闘い続けていたことを誇りに思うと同時に、主人が誇りに思っていた自衛隊組織で、これ以上、主人のように辛い日々を送る人が一人でも出てほしくありません。

この裁判を通じて自衛隊が少しでも変わり、一人ひとりの自衛官の人権が守られ、働きやすい職場になれることを切に願います。そのためにも日本で軍事オンブズマン制度をなんとか成立させたい気持で一杯です。今現在働いている自衛官の声、そしてその家族の声を聞き入れてくださる機関ができるように、私もこれからの人生、少しでもたずさわっていけたらいいなと思っています。

そして近い将来、愛する息子に「パパは立派な自衛官だったんだよ」と言ってあげられる日が来ることを願います。私たちにとって裁判は一つの区切りにすぎません。これからが私たちの新たなスタートでもあり、闘いでもあります。

今現在、全国各地で自衛官がパワハラやセクハラを受け、若い方たちの命が失われていることを知りました。主人の裁判の勝訴が、今闘っている人たちに少なからず勇気と希望を与え、つながっていけることを願います。微力ではありますが、私の今後の人生、主人の思いと共に生きていきたいと思います。

最後に、主人の裁判に共に闘いつづけてくださった弁護士の先生、支援の皆さま、全国からあたたかい声をおくってくださった皆様に、心から感謝いたします。これからの私たち親子を、どうぞ見守ってください。

3―浜松基地自衛官人権裁判の経過と支援運動

竹内康人

第一回口頭弁論

浜松基地自衛官人権裁判は、航空自衛隊浜松基地の第一術科学校整備部第二整備課動力器材班の三等空曹Sさんが先輩隊員によるいじめ（パワハラ、人権侵害）によって自死に追い込まれたとして、父母・妻子の四人が国と先輩隊員に対して一億一〇〇〇万円の損害賠償を求めたものである。静岡地方裁判所浜松支部への提訴は、二〇〇八年四月一四日のことである。

六月一六日には第一回口頭弁論がもたれ、原告の遺族としての思いが陳述された。第一回口頭弁論を経るなかで、裁判を支援する組織の結成に向けての取り組みがすすめられた。当面、第二回の口頭弁論への傍聴が呼びかけられた。

第二回口頭弁論

二〇〇八年八月一八日、第二回口頭弁論が開かれた。地裁浜松支部には支援者四〇人がつめかけた。

第二回口頭弁論では、国側は故意による違法行為はないとして、責任を全面的に否定し、この件で停職五日の処分を受けたNについても、指導の延長であり故意ではないとし、違法性を否認した。これに対し、原告側は、基地側が作成した二〇〇六年八月七日付けの事件の調査報告書の存在を明らかにし、裁判での開示を求めた。また、Nの供述調書の提出を求めた。裁判長もこれらの書類の提出を国に求めた。

口頭弁論の後の集会では、遺族が、一〇年余のいじめの末の自殺であり、「その無念を晴らしたい」、「幸せな生活を返してほしい」と語った。「一年経って遺骨をお墓に入れようとしたら、息子が暗くて怖いから入れないでと言った」という話が参加者の胸を打った。

浜松基地自衛官人権裁判を支える会の結成

二〇〇八年一〇月二六日、浜松市内で「浜松基地自衛官人権裁判を支える会」を結成する集会が持たれ、「さわぎり」「たちかぜ」両裁判の原告を含め、六〇人ほどが参加した。

集会では、自衛官の自殺問題、佐世保「さわぎり」裁判、横須賀「たちかぜ」裁判の順に報告がなされ、浜松基地の裁判の経過と争点が説明された。つぎに、支える会の組織と運動の案が承認された。最後に原告が訴訟に至った経過を述べて、裁判への支援をよびかけた。

自衛官の自殺問題については、元国会議員の吉岡吉典さんが、この一〇年の間、自衛隊では七〇〇人に及ぶ自殺者が出たこと、この問題への取り組みは「自衛官の人権と生命を守る運動」であること、自衛隊は情報を隠蔽し責任をとろうとしないが、「国の安全責任」を問い続けること、隊内でのいじめは「行き過ぎた指導」ではなく「違法行為」であることを認知させることなどの課題を指摘した。

「さわぎり」裁判の原告は、八月二五日の福岡高裁での勝訴の経過を話した。原告は、自衛隊側は報告書をマスコミに紹介しても遺族には示さなかったこと、記者から示された報告書には息子は「事故者B」と記され、悪口が記されていたこと、息子の生きた証さえ「事故者B」とされて抹殺されていくことに対して、行動に立ち上がったこと、弁護士を訪ねて相談して提訴となり、支援運動が広範に形成されたこと、地裁では敗訴したが控訴して勝利したこと、受けた恩を忘れずにほかの裁判を支援したいことなどを語った。

「たちかぜ」裁判の原告は、自衛隊への就職をすすめたことが「死のレールを引く」ことになってしまったことを悔い、息子が教育課程を経て「たちかぜ」の部隊に配属されたが、その中でいじめに会い、列車に飛び込んで自殺してしまった経過を話した。原告は、自衛隊側の事故への対応は誠実さを欠くものであり、「はらわたが煮えくり返るようなこと」だったと話し、息子の誕生日である二年前の四月に提訴し、「支援が心のよりどころ」と語った。

両原告の涙ながらの訴えは、訴訟にいたるまでの原告の深い悲しみとともに、息子の死を蹂躙する自衛隊側の対応への強い怒りと被害者側の横断的な連帯の形成を示すものであった。その思いは会場の人々の心をとらえた。

自衛官人権裁判を担当してきた長崎の龍田弁護士は、問題を「兵士の人権」論として整理し、兵士の人権が守られなければ戦闘組織は成り立たず、持続的に戦えなくなる、自衛隊は人権を機軸に再編成されるべきとした。さらに、人権侵害は生命・健康への安全配慮義務違反であり、その不法行為に対しては謝罪・賠償とともに人権侵害の排除と将来の予防の視点が不可欠とし、国民の側からのコントロールが必要であると語った。そして、「さわぎり」裁判では、自衛隊内の人権侵害を構造的な問題として争ったが、単発的なものとされた。しかし、安全配慮義務違反は認めさせた。裁判官の意識を変えていくには国民の目が必要であり、自らの問題として捉えて支援してほしいと呼びかけた。

浜松基地人権裁判の主任弁護人の塩沢さんは、自衛隊が米軍と比べても二倍の自殺率という現状を紹介し、浜松基地内での先輩隊員によるパワハラの実態を話し、自己を卑下するように追い込まれていった状況を説明した。また、当時の写真を紹介し、クウェートに派遣されていた時のほうがパワハラから逃れていたために表情がいいことを示した。そして自衛隊側が事実を認めてもいじめとみなさず、「指導の逸脱」として責任をとろうとしないこと、公表された調査報告書や供述調書が黒塗りであり、事実が隠蔽されていることなどを批判した。また、争点を整理し、心理的な負荷を過度に与えた違法行為＝いじめがあったことの認定、自殺といじめの因果関係、自殺の予見可能性などをあげた。最後に、原告の熱い想いを支援し、勝利を信じて闘っていくことを語った。

これらの発言の後、支える会の活動方針と組織の提案がおこなわれ、支える会が発足した。支える会からは、当面傍聴席を埋め、会員数を増やしていくことがよびかけられた。

この支える会の発足を受けて、浜松基地裁判の原告が挨拶した。

原告は無念を晴らすために調停を拒否して裁判に立ち上がった経過を話し、いじめを「指導」とみなす認識、自殺を「自然淘汰」とみなす発想、防衛省側の隠蔽体質などを批判した。自衛隊側は謝罪することなく、見舞金一〇万円を提示して収拾しようとしたが、これに対して遺族の闘いが始まったのだった。

集会での原告たちの発言は、被害者の尊厳が回復されることなく、さらにその尊厳が侵され、加害者側は平然とし、その罪を認めようとせずに隠蔽し続けていること、それに応対してきた遺族の側の悲しみと怒りの蓄積が尊厳回復にむけての思いとなり、「公正ではない」「おかしい」「うそだ」「悔しい」「無念を晴らしたい」という気持ちが渦巻くように吹きあがり、提訴につながっていったことを示している。

集会では代表のひとりである住職の桑山さんが「殺すなかれ、殺さしむなかれ」という仏教の教えを示しながら、人の心を傷つけ自殺に追いやることの誤りを指摘し、人間の命が大切にされる社会の実現に向けての思いを

支える会結成集会（2008 年 10 月）

語った。そして裁判に勝利し、「人生は美しい」ことを実感しようと呼びかけた。

第三回口頭弁論

支える会結成集会の翌日の一〇月二七日、地裁浜松支部で第三回の口頭弁論がもたれ、傍聴席は一杯になった。原告側は、自衛隊側がマスキングされた黒塗りの報告書と調書を出してきたことに対し、誠実な対応と証拠の開示を強く求めた。裁判長も出せるものは出すようにと自衛隊側に求めた。出された供述調書を見ると、表題の「二等空曹」以外の文字はすべて黒塗りとされ、情報が隠蔽されていた。

弁論後、弁護士会館で報告集会がもたれた。原告側弁護団は、供述調書と調査報告書が黒塗りであるが、これらは最も重要な証拠であること、自衛隊側が裁判所の命令が出る前に自主的に開示することこそ誠実な対応であるとし、「たちかぜ」裁判では二年かけて、主要部分の開示をかちとってきた例を示した。「たちかぜ」や「さわぎり」の裁判の原告も「悔しさをエネルギーに」と支援の発言をおこなった。

浜松裁判の原告である被害者の父が挨拶にたち、サイパンで生まれたこと、父がサイパンに移民し、サイパン戦の際には母が傷つきながらも赤子であった自分を守って助けたこと、成長して東京に集団就職し、自衛隊に入隊したこと、浜松基地でも整備の仕事を経験したこと、自身の自衛隊生活の中ではいじめはなかったこと、息子が自殺した後、自衛隊側が息子の悪口ばかり言うこと、その中で裁判に立ち上がったことを話した。そして、母はケガをしながら助けてくれたのに私は息子がいじめられても助けることができなかった、「優秀でなければ死ね」のありようでいいのか、相手にも反省してもらいたいと思いを語った。

遺族の強く熱い思いを受け、集会参加者は大きな拍手を以って支援と勝利に向けての決意を確認しあった。

第四回口頭弁論

二〇〇八年一二月一五日、第四回口頭弁論がもたれた。今回は被告の自衛隊側が、内部での調書や報告書を提示する予定であったが、自衛隊側はマスキングを理由に提出を見送った。原告側は早急に出すように抗議し、裁判官も提出を求めた。結局、国側は一月二六日までに提出することを約束した。

隊内でのパワハラの存在を主張する原告側に、自衛隊側は黒塗りの調書・報告書しか提示していない。これに対し、原告側は黒塗り部分を明らかにし、事実関係の提示を要求してきたが、この内部調査の書類を自衛隊側は提示しようとしなかった。このような不誠実な対応に傍聴席からも不満の声が出された。

この間、自衛隊側はSさんが「うつ」ではなかったとする衛生隊長による書証を出したが、原告側は「うつ」状況に追い込まれていたという精神科医による診断を提示して反論した。

口頭弁論の前日には、原告を囲んでの交流会がもたれた。交流会では支える会のメンバーが、職場でのいじめ体験、自らの労災裁判の経験、「うつ」に追い込まれた体験、早くに夫を失って子を育てた経験などを語りながら、この裁判を自らの課題とし、連帯していく思いを語った。バンドのメンバーは沖縄の歌を唄って激励した。支える会の会員は一〇〇人を超えた。

第五回口頭弁論

二〇〇九年二月一六日、第五回口頭弁論がもたれた。傍聴席は六〇人の支援者で埋まった。裁判では、国・自衛隊側が持っている事件調書などの証拠を提出させ、事実を明らかにさせるためのやりとりがおこなわれてきたが、国側の書類提出が遅れていた。国側は今回の弁論までに、それまでの隠蔽部分を大幅に減らし、事件調書類を提出した。

自殺事件の際、基地側は調書類を作成し、人権侵害をおこなったNを処分している。このときの自衛隊内部の調書類の提出をめぐり攻防が繰り広げられている。今回の提出によって、身体への危害を予告するような暴言やドライバーの取手や作業用ライトなどで殴打するといった暴行の具体的事例が明らかになり、部隊内での深刻ないじめ・人権侵害の一端が判明した。

弁論では被害者である原告側が、Nがいじめた理由、上司がいじめを知って転勤をさせようとした動き、Nによってセクハラを含むいじめにあった他の隊員の調書など隠蔽されたままの部分の開示を要求し、さらにほかの調書や人事記録などの開示を要求した。裁判所側もできるだけ証拠を出すように国側に求めた。国側は四月三日までに裁判所に報告することになった。今後は提示された資料類の真偽を検証し、誤りには反論することになる。

傍聴支援者は弁論終了後、報告集会をもった。宮崎や東京からの参加もあった。参加者は、自衛隊内での人権侵害が自殺を生んだことは事実であり、隠蔽を繰り返す自衛隊側の対応を変えさせ、法廷で真実を語らせねばならないという思いを分かちあった。

軍隊は不名誉な事態を隠蔽する体質を持っている。事実の改ざんを許さずに、真相を究明することが求められる。遺族の深い思いによる行動が共感を呼び、自衛隊関係者からも貴重な情報提供もでるようになった。それにより未見・未知の事実がつぎつぎに明らかになっている。

第六回口頭弁論

二〇〇九年四月一三日に第六回口頭弁論がもたれ、四〇人ほどが傍聴した。口頭弁論では原告側が、提訴後一年の「さわぎり」裁判での勝訴、「たちかぜ」裁判での証拠資料の提示などの経過を示し、いっそうの証拠文書の開示を求めた。また、自衛隊内での自殺者の増加、海自での集団暴行、空自でのセクハラなどの事例をふまえ、二六万人組織である自衛隊での労働の過酷な状況を問題にした。さらに、これまで泣き寝入りを強いられてきた遺族が、生命を落とすことのない職場を求めて立ち上がったことを示し、人権侵害を記した証拠書類の黒塗り部分（マスキング）の開示の重要性を指摘した。

この間の原告側の証拠開示要求によって、自衛隊側の事故調査報告書の開示はほぼ達成され、黒塗り部分のかなりが明らかにされた。今後は勤務評定書、公務災害請求に関する調書、整備作業記録簿などの開示が求められる。

第七回口頭弁論

二〇〇九年六月一日、第七回口頭弁論がもたれた。傍聴席六〇席は支援者で埋まった。被告の国側は短時間の弁論にも関わらず、被告席の前列に四人の弁護人、後ろには八人がすわって対応した。後列に動員され、傍聴席の人員数をチェックする者もいた。

今回の弁論では、国側は自殺したSさんの整備記録関係書類について提出することを約束した。また、Sさんが所属していた職場の元ショップ長の書類についてもマスキングの上、提出することを認めた。

今後は、これらの開示書類をふまえ、隊内でのパワハラ、いじめの実態を明らかにし、自衛隊内での人権侵害を追及していくことになる。

口頭弁論後の支援集会では、弁護士の報告、原告二人の挨拶、「さわぎり」原告の発言、「たちかぜ」裁判の傍聴報告などがおこなわれ、今後の闘いにむけての思いをわかちあった。自衛隊側の「カウンセラー」は原告に対して、自衛隊内の自殺の増加の原因を自殺隊員の責任とするかのような発言をおこなったという。

隊内での隠蔽の動きが強まれば、逆に真実を語ろうとする声も強まっていくだろう。自衛隊による居直りと事実の隠蔽を許さず、真実を明らかにすることが求められる。

第八回口頭弁論

二〇〇九年七月六日、第八回口頭弁論がもたれた。六〇人の傍聴席は満席になった。冒頭で原告側代理人が、前回、国側が傍聴席をチェックして監視するそぶりをみせ、傍聴者側が威圧を感じたことをあげ、そのような行動の中止を申し入れた。

今回の弁論では、提出を求めてきた供述調書などの書類の写しを国側が提出したことを受け、原告側がその内容について質問した。自衛隊側の証拠についてはすべて出すように求めてきたが、今回の提出で求めてきたもののの多くが提示されることになった。書類をみると人権侵害の実態や安全配慮義務違反を指摘することができる。今後はこれらの書類や原告側の資料を利用して、人権侵害の実態を明らかにすることになるだろう。

七月一六日夜には、浜松基地自衛官人権裁判の学習会が開かれ、塩沢弁護士が概要を解説した。裁判ではすでに八回の弁論がもたれ、原告が求めていた国側の調査資料のほとんどを開示させることができている。次回からは事実を具体的に明らかにして被告・国の責任を立証していく段階にある。

第九回口頭弁論

二〇〇九年八月三一日、第九回の口頭弁論がもたれ、五〇人ほどが傍聴した。今回の弁論では、冒頭で原告側が、横浜の「たちかぜ」裁判で国側の代理人席に代理人ではないものが座っていたことふまえ、今回出席の「代理人」にその資格があるか否かを確認した。弁論では、自衛隊内で自殺に追い込まれたSさんのショップ長、係長、課長についての記録の提示を求めた上で、同じショップで勤務していたT元士長の陳述書についてその内容を示した。

陳述書ではSさんの整備能力には問題がなかったこと、自殺に追い込んだNの行為に問題があったこと、Tさん自身も被害を受けたことが記されている。自衛隊側は自殺の理由がSさん自身の性格や生い立ちにあるとして

口頭弁論を前に浜松駅前で宣伝（2010 年 12 月）

いるが、この陳述書によってNによるいじめのなかで、精神的に追い込まれていったことが明らかになった。

今後の調査によってショップの上司の安全配慮義務違反について追及し、いじめの実態を示す陳述書も参考にして、事件の全体像が明らかにされるだろう。

裁判後の集会では、原告が、親として本人を助けることができなかった悔みは今も強いが、裁判をやめれば新たな被害者を生むことになる、歯をくいしばって頑張りたいという強い決意を示した。

また、自衛官人権裁判では、若い自衛官が裁判で堂々と本当のことを言いたいと発言するようになった、それが民主主義の基本であり、本当のことを言って仕事ができるような職場であってほしいという意見なども出された。

一年の間、職場でのいじめをみてきた同僚によるその実態を示す陳述書が出たことの意義は大きい。

第二回浜松基地自衛官人権裁判を支える会総会

二〇〇九年一一月一日、浜松基地自衛官人権裁判を支える会の第二回総会が浜松市内でもたれ、五〇人ほどが参加した。総会では、

「さわぎり」裁判と「たちかぜ」裁判の原告からの連帯挨拶、浜松裁判の原告からの挨拶を受けたのち、方針案が提示され、傍聴、学習宣伝、ニュースなどの情宣、他の裁判との共同などが示された。

その後、外山弁護士と塩沢弁護士が浜松の自衛官人権裁判について解説した。

外山弁護士は、浜松の裁判の「損害賠償請求権」について説明し、本件が憲法第一七条を受けての国家賠償法第一条第一項の賠償責任にあたることを示した。塩沢弁護士は「さわぎり」裁判と「たちかぜ」裁判の事例を検証し、浜松での提訴以降、さまざまな証言を提供する自衛隊関係者が現れたことを紹介した。

グローバルな戦争がすすむ時代に自衛官の人権裁判が起きている。それはあらたな人権の運動の始まりであり、その意義は大きい。「命こそ宝」、それは自衛隊員でも同様である。自衛隊員の人権保障にむけての市民の輪は、戦争政策を止める力になるだろう。

第一〇回口頭弁論

二〇〇九年一一月二日、第一〇回口頭弁論が六〇人の支援の下でもたれた。今回の弁論では原告側が、国側が提出してきた二つの調査報告書の黒塗り部分の開示について、文書提出命令を出す方向で詰めていくことをも含め、その開示を強く求めた。この二つの調査報告書は、パワハラを行ったNの上司である第二整備課長とショップ長の指導責任に関する調査書であり、今回国側は一部氏名や調査官の意見部分などを黒塗りにして提示した。

Nによる私的制裁についての上司の指導責任については「厳重注意」で処理されているが、この調査報告書はNによるSさんへの私的制裁があったことを示す重要な文書である。

現在までに、原告側はSさんが自殺する直前までの経過を準備書面でまとめている。原告側は、国側の調査書をふまえて準備書面の作成をおこなうが、それにあたり黒塗り部分の開示が必要と判断、裁判長に対してもその部分の重要性を示した。

また、原告側はSさんの同期の友人であり、近くの職場に勤めていた元隊員からの聞きとりをまとめ、書証として提出した。聞きとりから、近くの職場にいた人々はSさんの職場状況の異常さを感じ、Sさんの体調の変化を危惧していたことが明らかになっている。今回の裁判の提訴によって、Sさんを支える発言が自衛隊関係者からも発せられるようになった。

口頭弁論後の報告会は参加者で一杯になり、弁護団からの報告、「さわぎり」「たちかぜ」の原告からの支援の発言、原告の挨拶などがなされた。その席で原告は「OJT〔職場内教育〕の書類からみて能力が劣っていたとはいえない」、「イラクに送られたということは能力があるということ」、「今日は生きていれば三三歳の誕生日。くやしい……。これではうかばれない」、「事あるたびに不安定な気持ちになりますが……。かれの誕生日を心の中で祝ってください」と語り、その思いの深さを示した。

第一一回口頭弁論

二〇〇九年一二月一四日、第一一回口頭弁論がもたれ、約五〇人が支援の傍聴に参加した。前回の弁論では、原告側はSさんの上司であった課長とショップ長の調査報告書や供述調書のマスキング部分の開示を強く求めたが、その結果、今回の弁論までに国側はこれまでマスキングしてきた部分の多くを開示した。それをふまえて原告側はSさんが亡くなるまでの経過を記した準備書面六を出した。これに対し、被告側は国とNの反論書を二月一五日までに出すとした。今後は原告側が被告の法的責任を追及することになる。

被告国はSさんの死亡原因をNによるパワハラ以外に求め、さまざまな理屈をこねようとしている。それは遺族にさらに悲しい思いを強いるものである。

一二月一四日の口頭弁論の終了後、ジャーナリストの三宅勝久さんを招いて学習会がもたれた。

三宅さんは消費者金融を巡る取材の話から始め、消費者金融による多重債務の標的は一定の収入のある者たちであり、そのなかには自衛官も含まれていると指摘した。そして、田母神問題を例に旧日本軍が国民に対して行った犯罪に対してきちんと清算してこなかった点を批判し、現在のPKOやアメリカを支援しての海外派遣は自衛隊員にやりがいを感じさせるものではないとした。

さらに、新たに旧軍隊との結びつきが強まり、部隊内での人権侵害が深刻な問題になっていることをあげ、裁判ではその実態が検証できるとした。また、自身が調査し記録を書くことで現実が変わっていくこともあると語った。

参加者からは、自衛官の団結権や、新たな海外派兵の時代に旧軍隊の体質がどのように継承され、新たな抑圧を形成しているのかなど、さまざまな質問や意見が出された。

第一二回口頭弁論

二〇一〇年三月一日、第一二回口頭弁論がもたれ、六〇人近い仲間が傍聴した。

この日の弁論は、被告の自衛隊側が原告に対し、公務災害認定関係書類を提出するように求めたことへの反論から始まった。この公務災害認定請求は本裁判とは別にすすめているものであるが、書類、メール記録や日記などの書証を、自衛隊側代理人が原告側に求めたことから弁論となった。この請求に対して、原告側は国へとすでに出したものであり、被告は国側から取り寄せができるはずであり、原告として必要と判断したものは提出している と反論した。

つづいて安全配慮義務違反をめぐって弁論がなされた。原告側は二月に準備書面七・八を提出し、Sさんが死に追い込まれるまでの状況、パワハラをおこなったNと自衛隊側の法的責任について論証したが、このうち安全配慮義務違反が争点になった。

すでに原告側は周到に弁論をすすめ、証拠調べに入る段階になっている。今回の口頭弁論では、被告の国側がさらに関係者の聞き取りをして書証を提出し、反論のための準備書面を出す予定とした。

このような対応は、裁判の引き延ばしを図り、早期の証拠調べ入りに抵抗するかのようだった。自衛隊側は、他の裁判の主張と同じく、Sさんの死の原因を個人的な理由によるものであり、隊内での人権侵害によるものではないとしている。

原告側は、人権侵害をおこなった行為が傷害致死罪にあたるとし、その人権侵害を放置したことに対する上司の安全配慮義務違反を追及している。証人申請では自衛隊側の上司については学校長ら五名の審問を要求している。

繰り返されるパワハラが精神的な傷害をもたらし、Sさんから生きる力を奪っていったことが、この間の口頭弁論で明らかになっている。不法行為とその責任を明らかにし、早急に公務災害の認定をさせていくことも求められる。

裁判後の集会では、今回の弁論についての弁護士の解説ののち、遺族や親族からの発言があった。元自衛隊員の親族が、原告が自衛隊を訴えることに同意することは勇気ある厳しい決断だった。親族の気持ちをそこまでにさせたのは、自衛隊内で人権侵害が横行していることである。遺族が語ったように、今回の裁判は隊員がSO

Sを出す場がないという現在の自衛隊の体質やシステムを変えていく闘いでもある。故人の思い出を語るなかで、涙が流される。その涙を受けとめ、裁判での勝利を分かちあう日を迎えたい。

口頭弁論前に、支える会は浜松駅前でチラシ撒きとアピールをおこない、市民に支援を呼びかけた。

第一三回口頭弁論

二〇一〇年四月一九日、第一三回口頭弁論がもたれ、五五人が傍聴した。

今回の弁論では主に原告側の書証である原告・母親の手帳の照合がなされた。手帳には自衛隊内でいじめられた話を聞いての思いが記されている。国側は自殺が仕事によるものではないとし、予見可能性を否定する趣旨の主張をしてきた。また、職場でのいじめについては、Nは責任感が強く、信念により厳しい指導をおこなったものとし、その行為を合理化し、パワハラによる人権侵害を認めていない。次回の弁論までに被告の国側の最終的な主張が明らかになる。原告側は九人の証人尋問を求め、尋証に入っていくことを求めている。

裁判前には駅前での支援のチラシ撒きもおこなわれ、裁判後には原告との交流集会も持たれた。佐世保、横須賀、札幌、浜松と裁判がおこされ、四者間の共同もすすんできた。さらに三沢、小松、札幌、呉でも自衛隊の人権に関する裁判がある。自衛隊内での人権獲得の闘いが各地ですすんでいる。国側が原告の声を聞き、その要求に誠実に応えること、隊内での人権確立に向けての施策を早急におこなうことが求められる。

第一四回口頭弁論

二〇一〇年五月三一日、第一四回口頭弁論がもたれ、五〇人ほどが支援に駆けつけた。今回の弁論では被告・国側が出した準備書面七と書証、原告側の出した準備書面九と書証の確認がなされた。国側は自殺の原因を職場でのパワハラによるものではなく個人的な事情によるものとするために、家族関係の些細な出来事をもちだし、それがさも重大なトラブルのように表現している。そのことは原告側の怒りをいっそう強いものにしている。

口頭弁論の後、今後の裁判の進行協議がなされ、裁判長から今年度三月末の結審の意向がだされた。それにより、七月以降の証人尋問の予定が組まれ、二〇一一年春以降に地裁判決を迎えることになった。今後は、上官のショップ長と課長、元同僚、原告、被告などの尋問がおこなわれる。

同日、板屋町会館で支える会の主催で学習会がもたれ、主任弁護人の塩沢弁護士が「浜松基地自衛官人権裁判の法的争点」という題で報告した。

塩沢さんは、この裁判がいじめをしたNとNに職務をさせた国に対する賠償請求裁判であることを示した後、この裁判の争点を①Nの不法行為の評価、②国と上官の安全配慮義務違反、③安全配慮義務違反の前提としての「予見可能性」、④違法行為（不法行為と安全配慮義務違反）と自殺との相当因果関係の四点にまとめて解説した。

国側の反論は人権侵害の存在自体を否定するものであり、それは遺族の怒りをいっそうかき立てるような内容である。これに対し、真実を明らかにして正義をかちとり、その尊厳を回復するために、二〇一一年三月末の結審に向けての多くの市民の支援が求められる。

第一五回　証人尋問　NM元ショップ長

二〇一〇年七月二六日、第一回目の証人尋問がもたれ、NM元ショップ長が証言した。

支える会交流会のバンド演奏（2010年）

証人尋問は被告・国側から始まり、その尋問の内容は、ショップ長が部下の身上把握に努めていたこと、死に追い込まれたSさんは上司に対して意見具申はしないタイプであること、Sさんに「ミス」があり、能力は低いとみられたこと、Sさんに仕事上の不満は見られなかったこと、Nに大声で怒鳴られていたこと、Sさんの残業については知らないことなどを述べた。それは、職場での「指導」が人権侵害にはあたらず、叱責の理由はSさん自身の能力の欠如によるものであり、「指導」は死の原因ではないという国側の主張を補強させるためのものだった。

しかし、原告側の反対尋問のなかでそのような国側のもくろみは崩されていった。反対尋問では、Sさんの「ミス」をショップ長自らがすべてを確認してはいないこと、その「ミス」も軽微なものであること、ショップ長はNに遠慮しSさんへの人権侵害を止めなかったこと、ショップ長自身がNの行為を問題視する能力がなく、暴言や暴力を肯定していたこと、ショップ長が国側のいう「行き過ぎた指導」自体を感知できていないこと、その無責任さがSさんを更に追い込むことになったことなどが、反対尋問のなかで浮き彫りにされていった。

このような尋問の状況は、裁判官による、あなたが言うような能力が低いとみなしたSさんになぜ整備を統括させるようにしたのか、部隊では人物的な特徴についての引継ぎはなかったのか、という質問につながった。

今回の尋問では、職場内で実際にNによる怒鳴り声などのパワハラや殴打が常にあったこと、上司はそれらを知っていたが、それを人権侵害とみなす感覚が欠如していること、ミスが多いというがそれらは軽微なものであること、ショップ長自身に管理能力がなかったこと、亡くなる前にショップでの整備責任を任されるようになっていたことなどが明らかになった。また、現場では国側のいう「行き過ぎた指導」自体が感知されていないことや自衛隊内での人命への思いの薄さも示され、さらに隊員所持の合鍵も存在したという術科学校内の管理のずさんさも明らかになった。

国側は、人権侵害の存在を隠蔽し、事件をSさん個人の資質の問題へと矮小化し、その責任を回避しようとしているが、反対尋問でその無理と矛盾が露呈した。それはどこに正義が存在しているのかを、如実に示す光景だった。

第一六回　証人尋問　O元整備課長

二〇一〇年九月一三日、第二回目の証人尋問がもたれ、傍聴には八〇人余が結集し、法廷外で傍聴交替を待つ人もいた。今回はNMショップ長の上司である第一術科学校のO元整備課長である。O元課長は二〇〇四年から二〇〇六年にかけてその職にあった。尋問は被告・国側から始まった。

国側の質問によってO元課長は、Sさんが気弱でおとなしい性格であったこと、二〇〇五年五月には第一整備課のK曹長からNの指導が厳しいこと、第二整備課のI曹長からも同様の話を聞いていたが、二〇〇五年七月に

Nの下で働くSさんとTさんから事情を聞き、Nに指導したこと、二〇〇五年九月にNによってSさんの帽子が飛ばされたのを目撃したが、それはSさんが作業手順を間違ったための指導であったことなどを述べた。

さらに、自らの供述調書にはニュアンスの違いがある箇所があったが訂正せずに署名したこと、Sさんが精神的に追い詰められているという認識はなく、その申し出はなかったこと、「うつ」なら気がついたはずであり、報告もなかったこと、Nが叩いたり蹴ったりしたことは報告がなく、知らなかったこと、副校長が遺族と会って、心証を害していることを知り、自衛隊側が調査をはじめたことなどを述べた。

この尋問での証言に対して原告側は、証拠の答申書や供述書での「ニュアンスの違い」について再確認したのち、課長の職務には安全配慮義務があることを確認した。続いて、O元課長が二〇〇五年五月に第一整備課のK曹長、第二整備課のI曹長からNが大声で怒鳴るなどの言動があることを聞いていたことを確認し、その事実とSさんから「明るさが消えた」こととの関連を質問した。二〇〇五年七月に整備班長から手を出しているという報告を受けたことに対しては、暴力についての調査をおこなったのか、状況を確認したのかを質問した。しかし、O元課長は「覚えていない」と人権侵害の実態把握については言葉を濁した。

二〇〇五年九月にNがSさんの帽子を飛ばしたことの現認については、手を出して帽子が飛んだとするのみだった。また、SさんにはNの行動による「ストレスは無かったと思う」と発言した。Nの人事異動を考えた理由は一〇年以上在職したからとし、NとSさんとの人間関係によるものとはしなかった。

自衛隊側はこの事件を調査して、人間関係が悪く、異動させなかったことが間違いと判断しているが、O元課長にはその認識もみられなかった。サッカー大会への参加の中止についても、証拠書類ではNの圧力を証言しているが、尋問ではNの圧力を否定した。Sさんの精神状態については「申し出が無いから、精神的には追い詰められてはいなかった」という態度に終始した。

このように尋問でのO元課長の証言は、Sさんはもともとおとなしく元気が無い性格であり、Nによる人権侵害との関係は特に感じられないとするものであり、時には自らの証拠書類での記事にも反する形でなされた。また、いじめの実態や管理責任についての言質はあいまいなものであった。そのため、裁判官が「元気が無い」と感じた時期や理由を問いただすということになった。

O元課長の証言は、被告とされた国・自衛隊を守るために都合の悪いことは否定し、その責任を逃れようとするものであった。いじめ（人権侵害）があったにもかかわらず、何もしなかったことは安全配慮義務に反し、その責任が問われる。またその人権侵害と死との関係が問われる。しかし元課長は、隊内での自身の供述内容や陳述書を否定するかのような言質を弄し、核心的な問題については「知らない」「申し出が無い」と発言した。そのため、証言はあいまいなものになり、証人への信用を失わせる結果となった。それは、この事件での国側の責任回避の論理の破綻を示すものであった。

口頭弁論の前日の九月一二日には支える会の第三回総会がもたれた。

第一七回　本人尋問　原告（両親）

二〇一〇年一一月一日、一七回目の裁判がひらかれ、原告である両親が証言した。傍聴席は支援七〇人で埋まった。

尋問は原告の母親からはじまった。証言では、Sさんへの隊内でのいじめ（人権侵害）が繰り返されるなかで、口内炎ができ、精神が不安定になり些細なことで子どものように振舞うしぐさがみられたこと、宮崎から家族で訪問した後の別れの際には建物の陰に隠れて悲痛な雰囲気で見ていたことなどを語った。最後に、裁判官に向かい、厳しい指導という名の暴力、自衛隊内での人権侵害をなくすことになる判決を求めた。

反対尋問では国側は、離婚や入籍問題、両揚げ代の出費、本人からの手紙などを示して、死の原因が隊内でのいじめによるものではないことを示そうとした。最後には「仕事が苦であるのなら、自衛隊をやめるはず。なぜ自衛隊を辞めていないのか」と質問するに至った。それに対し、母親は「息子は自衛隊が好きだった」とし、そこでの我慢が死につながったことを示した。その発言はSさんが仕事をまじめにおこなおうとする誠実な青年であったことを物語るものだった。

続いてSさんの父親が証言した。父親も元自衛隊員であり、整備のフライトチーフや器材庫班長を経験している。父親はNによる指導という名のいじめが継続することで息子が死に追いやられたとし、先輩によって叩かれるという暴力については配属された後に聞いていたこと、事ある毎に怒鳴られる、仕事を教えてくれないといった悩みを聞かされ、息子から次第に笑顔が無くなっていったこと、クウェートに派遣されていたときには人間関係がよく、充実していると連絡があったことなどを話した。

また、自殺後の通夜に術科学校の副校長と総務部長が現れたが、「厳しいしつけ」などの文言はあってもお悔やみの言葉はなく、威圧感を感じたことを語り、国側によるSさんの能力の評価や勤務実態についても異議を唱えた。

最後に、自衛隊では二〇〇五年には一〇〇人を超える自殺者がでているが、原因不明とされているものが多く、そこにはいじめなどの人権侵害も含まれる、入隊してくる隊員が人権侵害のために途中で人生をつぶされてはならないし、提訴は悩んだ末のことである、裁判所は遺族の無念の思いをくみ取ってほしいと訴えた。

反対尋問では、国側はNによるいじめへの認識について問い返した。原告はSさんが叱責を受け続けることで心の病気になったこと、家族も「うつ」の認識が足りなかったことなどを話した。ここでも国側は自殺が人権侵害によるものではなく、家族にその認識が薄かったことを示そうとしていた。しかし逆に、Sさんが隊内でNによる叱責を受け続け、辛い思いを重ねてきたことが明らかになった。

第一八回　証人尋問（元同僚T）

二〇一〇年一二月六日、証人尋問がもたれ、元同僚のTさんが証言した。傍聴支援者は七〇人を超えた。裁判が始まる前に、公正判決を求める要請署名三万人分の提出がおこなわれた。今回の署名提出は九月、一一月に続いて第三回目のものであり、提出数はのべ三万五〇〇〇人分となる。署名提出後、浜松駅で宣伝行動もおこなった。

今回の証人尋問は亡くなったSさんの同僚であり、Nによる人権侵害を直接見る機会があった元同僚のTさんに対しておこなわれた。Tさんは自身へのセクハラを含め、Nによるいじめの実態を証言し、上司がいじめを認識し、いじめがあったにもかかわらず適切に対応してこなかったことや亡くなる前のSさんの状況を語った。

元同僚Tさんの証言で明らかになったことは以下である。

Sさんの作業ミスがとくに多かったとは思われないこと、上司がもった食事会では、Nによるいじめのエスカレーションと報復が怖いため、本音が言えなかったこと、NがSさんに対して、「ばか野郎」「死ね」「やめろ」「五体満足でいられなくしてやる」といった暴言をやくざが脅すような巻き舌で繰り返したこと、それは感情的になり自分をコントロールできないようだったこと、殴ったり、平手でたたき、ドライバーの取手で頭をたたいたり、後ろから整備靴で蹴飛ばしたりもしたこと、暴行は二〇〇五年の年明けくらいからひどくなったこと、Sさんに屈辱を与えるためにNがTさんに反省文を読ませたこと、いじめをやめさせたくてTさんが上司に申し出ても「俺らの時代では普通のこと」と言って取り合わなかったこと、いじめが繰り返される中で、Sさんの口数が減り、「死にたい」と口にするようになり、顔から出血したり、口内炎ができるなど体調を崩していったこと、Sさんは子煩悩なお父さんだったが、Nのことで「辞めたい」「死にたい」と漏らしていたから、自殺のことを聞いて原因はNかと思ったこと、この事件の調査の際に幹部も「俺もいじめによると思う」と漏らしていたこと、職場では階級が一番下の者がお湯沸かしや掃除をおこなうことになっていて時には職場に朝六時半に出勤することもあること、Tさん自身もセクハラにあって申し立てし、体調を壊して入院したこともあること、セクハラといじめの件についての自衛隊内の調査でNは停職五日の処分だったが、もっと厳しいものが出ると思ったこと、これらの事がらが原告側代理人との問答で次々に明らかにされていった。

最後に、証言者となることに様々な困難があるなかで証言を引き受けた理由を、自身の口から真実を語りたかったこととともに、転属できずに自衛隊を辞めざるをえなかったことにけじめをつけたいためとした。

Tさんの、精神的にも今も引きずっている、自衛隊側には何もしてもらえなかった、人生にけじめをつけたいという趣旨の発言から、証言者自身の自己回復と正義の実現にむけての思いの深さを感じた。その思いによる証言は、裁判所側に現在の不正義の状態を覆し、尊厳の回復への正義を実現させる判決を、強く呼びかけるものだった。

被告側は反対尋問で、証言者の証言や記憶の不確実性を示そうとしたが、それは逆に、国側の不誠実さを際立たせ、いじめが実際にあったことや、「暴言を見るのはつらかった」「私も同じように辞めたいと考えた」と証言者自身の苦しみを一層はっきりさせるものになった。

口頭弁論後の報告集会で発言する龍田弁護士（2010 年 12 月）

第一九回　本人尋問　原告（妻）、被告（先輩隊員N）

二〇一〇年一二月二〇日、本人尋問がもたれ、原告の妻と被告の先輩隊員Nの尋問がおこなわれた。今回の裁判には九〇人近い支援者が駆けつけ、交替で傍聴した。防衛省は一二月一〇日付けで亡くなったSさんの公務災害認定通知を送った。自衛隊内での人権侵害によって、Sさんが精神的に追い込まれて死を強いられたことを自衛隊側も認めざるをえなかった。

裁判に先立って、早朝、裁判を支える会は浜松駅前でチラシまきをおこない、市民に裁判の現状と支援を呼びかけた。

裁判では、午前にSさんの妻が証言した。

妻は代理人の尋問に答える形で、Sさんが優しくて話を聞いてくれる人であり、自衛官としての仕事に誇りを持っていたこと、いじめがすすむなかで口内炎などができるなど体調を壊していったこと、弁当の量もNより早く食べ終わるようにと少なくなったこと、持ち帰りの仕事が増え、アパートで仕事の手助けもしたこと、クウェートに派兵されたが、帰ればNのいじめがあることから、帰りたいけど帰りたくないと言っていたこと、Nにお前はバカだからと予習復習を強要されていたこと、Nに反省文を書くように言われ、思いつめた表情で書いていたこと、言った通りにやらないとおこられる、どうしたらいいのかわからないと同僚のTさんと語っていたこと、上司のNMさんが持った食事会にはNは参加しなかった、上司のNMさんには全員を集めて話し合い問題を解決してほしかったことなどを話した。

そして、いじめが続くなかで、出会った時とは別人のようになったこと、うつむくようになり、結婚記念写真を撮った際にも下を向いていること、亡くなった後、「Nのいじめがひどく、まるで制裁を受けているようだ」と亡くなる前日にこぼしていたことを知人から聞き、Nの存在が夫をこんな風にさせたと確信したこと、調停でNの謝罪を求めたが、一〇万円の見舞金なら出せるといわれ、裁判となったことなどを話した。

最後に妻は、夫の無念を晴らしたいということだけでなく、自衛隊内でいじめがあり、そのために亡くなっている人が多いことを知り、そのような自衛隊を変えたいこと、こどもに父が立派な自衛官であったことを示したいと思っていることなども語った。

証言では、いじめによってSさんが死に追いこまれていった状況が浮き彫りにされ、夫への強い愛情も示された。

そのような妻の証言に対し、被告である国の代理人は私生活に関するつまらない質問をくりかえした。また、被告Nの代理人は質問に詰まり、裁判官から「質問が質問になっていない」と指摘され、傍聴席からは笑い声も漏れた。最後に原告側代理人は、自衛隊側から「遺留品引渡書」さえ提示されなかったことを指摘した。

続いて午後からは、被告のNの尋問がおこなわれた。Nは、尻を蹴る、頭を叩く、頬を叩く、反省文を書かせる、工具で叩く、帽子を飛ばす、バカヤローと怒鳴るなど、暴言や暴行の事実を認める発言をした。しかし、それはSさんに作業上のミスが多く、責任と自覚に欠け、自主的な努力ができないからであるとし、脅しの言葉は使ってない、ゴミ箱を蹴ったりして自分を抑えた、落ち込んでいると感じたことはないなどと、その行為を正当化す

支える会交流会（2010 年 12 月）

る発言に終始した。また、今回の事件で懲戒を受けた際の供述書の内容については、裁判での陳述書で否定する箇所がみられた。

このようなNの証言に対し、原告代理人は、Nがカッとなり自身を失う傾向にあること、手を出しているが回数はカウントせず、数多くの暴行があったこと、一〇〇枚もの反省文を強要したこともあること、Sさんが出産立会いの休暇を申請した際にはカッとなり平手で顔を叩いたこと、正座を強要したこと、一七年間も同じ職場に置かれ、過剰な整備を後輩に強制していたことなどを次々に明らかにしていった。

今回の尋問でのNの発言は、Nには反省の気持がないことを示すものであり、かつての供述書での発言内容を翻し、「自覚をもたせる」という「指導」の名での暴行・暴言を正当化するものだった。

最後の裁判官によるNへの質問は、Nによる後輩の指導経験がSさんとTさん二人だけであり、指導方法はN自身によるものであること、身分証の取り上げが権限外であることを確認するものだった。

裁判の後、支える会による報告集会がもたれた。集会では、この事件では、自衛隊員が育てられるのではなく殺されている、隊員の生命が守られていない、周囲は知っていて見逃している、連帯感のない職場になっている、仲間を見捨てないというのが軍事組織の教育だが見捨てている、いまもNが自衛隊を続けていることが信じがたい、なかには仲間を守れなかったと制服を脱ぐ決意をした人もいるのに、といった発言が続いた。

原告は「息子の生命を感じることができないまま平然としている」、「挫けてはいけないと思う。最後までやりぬきたい」と決意を語った。

夜には交流会が四〇人ほどでもたれ、参加者がそれぞれ裁判の感想や今後の活動への決意を述べた。最後にバンドが裁判への思いを「よみがえれ、あなたの思い、とりもどせ、あなたの歴史」と歌で表現した。

第二〇回口頭弁論

二〇一一年一月三一日、第二〇回の裁判がもたれ、五〇人ほどが傍聴した。今回の弁論は五回の証人尋問を受けてのものであり、追加して出された原告被告双方の証拠書類の確認がなされた。最終準備書面の締め切りは三月二日になった。

弁論では証拠として出された「特異事案審査資料」に、これまでのNの証言にはないNによるSさんへの正座強要の目撃証言があることから、原告側はこの問題についての供述資料の提示を被告・国側に求めた。

昨年の二〇一〇年一二月にSさんの公務災害は認定された。それは隊内での人権侵害がSさんの精神的負荷となり、精神的に病んで自殺に至ったことを認めるものであり、隊内での人権侵害と自殺との因果関係を認定するものであった。裁判では国側は自殺との因果関係を否定してきたが、それが誤っていることが今回の公務災害の認定によって示されたわけである。

一月の横須賀の「たちかぜ」裁判の地裁判決は、人権侵害の事実や上官の安全配慮義務違反、自殺との因果関係などを認めた。しかし、主要な論点ではない「予見可能性」を持ち出して、人権侵害への賠償は認めるが、それによる死亡への賠償は認めないというものであり、不当な判決だった。それは予見できなかったとして、賠償額を値切るものであるが、この論は司法の側の逃げである。

人権侵害により圧力を加え続けたことが、精神的な病みを生んだわけであり、それは自死と密接につながるものである。被害者救済に向けての公正な判決が望まれる。

公正判決を求める署名は一月三一日に一万六〇〇〇人分が追加して出され、提出数は計六万一〇〇〇人分となった。支える会にはさらに二万人ほどの署名が集まっている。署名の合計は八万人を超えている。

第二一回口頭弁論（結審）

二〇一一年三月七日、裁判は今回で結審を迎え、傍聴支援者は七〇人が集まった。この日の弁論では最終の準備書面を確認し、原告である父と妻が意見陳述をおこなった。結審により、判決は二〇一一年七月一一日の一三時一〇分からとなった。

原告と被告側の最終準備書面の確認では、国側が亡くなったSさんを新たに「適応障害」と表現したため、原告側が反論として提出した甲五四号証をめぐってやり取りがあった。国側はこの甲五四号の却下を求めたが、裁判所は認めなかった。

国側はSさんの過失を認めさせるために、新たに「適応障害」を持ち出した。また、国側は「過失相殺」に加え、公務災害認定をふまえての「損益相殺」を語り、賠償額を減じさせる方向での議論も展開した。

原告の意見陳述では、最初に父がこの間の思いを一気に読み上げた。それは、息子をいじめによる自殺で失った悲しみをふまえ、信じてきた自衛隊が真相を隠蔽してきたことを指弾し、これ以上いじめを放置しないことを求めるものだった。

父は意見陳述で、息子の自殺はいじめによるものである、「指導」という名のいじめはなくしてほしい、自衛隊は人間を大切にしてほしい、軍事オンブズマンの実現など対策を取ってほしい、いじめを放置した上司には責任がある、自己保身をし、自らの組織を分析できないものがどうして国を防衛できるのか、責任の所在をはっきりさせてほしい、権限を悪用して若い隊員をいじめないでほしいと、その思いを語った。

続いて原告である妻が、自衛隊を相手に裁判を起こすことのむずかしさを語ると共に裁判で真実を明らかにしたいという思いを語った。

陳述で妻は、夫が悪質ないじめにあい、そのいじめが放置されてきたこと、公務災害は認定されたが、それはこの間国側が裁判で語ってきたことと矛盾すること、Nはまだいじめではないと言っているが、自分がされたことして思ってほしいこと、夫は家族のためにいじめに耐えてきたが、国側は自殺の原因を家族にあるとしていること、夫の死の日から時間は止まったままであり、子どもは父が帰ってくるのを今も待っていること、無念を晴らし、本当のことを伝えたいために提訴したことなどを発言し、子の記した父への手紙も読みあげた。

裁判も終わりを迎える段階で、国側は「過失相殺」や「損益相殺」を主張して賠償額を減額させるための弁論も行うようになった。それは公務災害が認定されたことで、いじめ（パワハラ・人権侵害）と自殺との因果関係を否定できなくなってきたからである。「適応障害」による自殺論を展開して、自殺が本人の資質に起因するものとし、いじめによる自殺を本人の資質の問題へと転嫁させることを狙っている。本人の過失を強調し、その賠償額を相殺させようとしている。さらに、国側は相当因果関係での議論において、自殺は予見できなかったという論を持ち出している。これに対し、原告側は、精神的な罹患や自殺の予見可能性は「相当因果関係」の成分ではないとし、いじめによる心理的負荷の蓄積が問題としている。

いじめたことから、うつや自殺が生まれるのであり、いじめを知りつつ、それを放置してきたことが問題とされるべきである。国側の責任逃れを許さずに、市民による正義の実現と人権の回復の声を強め、国側にきちんとその責任を取らせる必要がある。

一月三〇日には、日本テレビ系のNNNドキュメントで「自殺多発…自衛隊の闇―沈黙を破った遺族の闘い」が放映された。この映像は、横須賀の海上自衛隊「たちかぜ」と浜松基地の航空自衛隊第一術科学校でのいじめによる自殺と遺族による真相究明と正義の回復への活動を追ったドキュメンタリーである。「納得できない、最後まで闘うから見守ってほしい」と、亡くなった息子に念じる遺族の熱く深い思いが刻まれた映像である。

結審後の四月四日、「浜松基地自衛官人権裁判の争点」をテーマに塩沢弁護士を講師に学習会をもった。塩沢さんは争点を、①被告Nの行為の不法・違法性、②被告国の責任、③被告Nの行為及びショップ長・課長の義務違反と自殺との相当因果関係、④被告N個人の賠償責任、⑤損害、⑥判決の展望の順にまとめて解説した。会場では、原告側の最終準備書面の要約版も作成され、配布された。

自衛官人権裁判に勝利を！全国交流集会

二〇一一年六月四日、「自衛官人権裁判に勝利を！全国交流集会」が浜松市内でもたれ、一五〇人が参加した。この集会は七月一一日の浜松基地人権裁判の判決を前に、全国交流と浜松の裁判の勝利に向けて開催された。

集会の第一部では、海自佐世保「さわぎり」、海自横須賀「たちかぜ」、陸自真駒内（命の雫裁判）、陸自朝霞（前橋地裁）、空自浜松など各地の裁判の報告がなされた。第二部では「自衛官の人権を守ることの意義とその方策」をテーマに問題提起がなされ、意見交換がおこなわれた。最後に原告からのアピールがなされ、人権裁判の勝利に向けて団結のコールがおこなわれた。

自衛隊内は軍事的階級組織であり、そこでの抑圧は新たな海外派兵の時代を迎えるなかでいっそう強まるようになり、一年間で一〇〇人近く、二〇〇一年からの一〇年間で八七〇人を超える自殺者を生むようになった。そのなかには隊内での人権侵害によるものも数多いとみられるが、隊内ではその真相が隠蔽され、本人へと責任が転嫁されていく。その中で、遺族が真相を明らかにして無念を晴らしたいと、裁判に訴えるケースが増加した。自衛官人権裁判が新たな人権の闘いとして顕在化してきたわけである。

海上自衛隊では海外派兵の回数が増加するなかでストレスも増え、密室化した艦内での人権侵害も増加した。浜松の空自のケースではイラク派兵からの帰国後に人権侵害が強まった。真駒内では対テロ戦争用の徒手格闘訓練によって隊員が死を強いられた。徒手格闘訓練は相手を素手で格闘し致命傷を与えるというものである。このような訓練が強化されていることは、訓練中にさらに多くの死者を生むことにつながり、自衛隊員が海外に派兵されて実戦に投入される可能性も高まっているということである。

第二部の問題提起では、日弁連人権委員会・基地問題調査研究特別部会の佐藤弁護士が、自衛隊内での懲戒処分において弁護士依頼権が存在しない形で運用されていたことの問題点をあげ、自衛官の人権確立に向けての課題をあげた。佐藤さんのあげた課題は、市民運動でのホットラインなどの自衛隊員の駆け込み寺の設置、自衛隊内での人権カリキュラムの設定、軍事オンブズマンの設立、隊内の人権侵害のメカニズムの裁判での解明などである。

『兵士を守る』でドイツの軍事オンブズマンと兵士の労働組合について記した記者の三浦さんは、ドイツの兵士のストレスコントロールを事例にドイツでの自殺率の低さを指摘した。ドイツでは市民による監視と兵士の団結権が認められ、不当な命令は拒否するものと教育されている。

グローバルな戦争と軍事の革命がすすみ、殺戮はいっそう強化され、人間性の疎外がすすんでいる。しかし、このような動向は新たなグローバルな平和の運動を呼び起こすものである。人権と平和の運動のグローバルな展開により、市民の側から軍事的組織を監視し、兵士自身の表現の自由と団結の権利の行使を認めるという動きはいっそう強まっていくだろう。そのような動きは戦争自体を止めることにつながるものである。

個々の裁判に勝利すること、二一世紀には人間を殺傷するための組織を、人間を救援するための組織へと転換させていくこと、自衛官の人間としての尊厳をふまえ、良心の自由、表現の自由、団結の権利を認めていくことの意義など、多くの視点が提示された集会だった。

浜松基地自衛官人権裁判、勝訴

二〇一一年七月一一日、浜松基地自衛官人権裁判の判決が出された。判決当日、支える会は地裁浜松支部前で裁判の勝利に向けて横断幕を広げた。傍聴席は六〇席だが、九〇人余が駆けつけた。抽選がなされなかったために、一時、法廷には座れなくなった三〇人余があふれた。傍聴できなかった人々は浜松支部前で判決内容を報告する弁護士の登場を待つことになった。

開廷し、裁判長が判決文を読み始める。原告妻に三四八八万七四四五四円、原告子に四三〇六万三〇〇〇円、原告父母にそれぞれ一一〇万円……と、国に対する損害賠償金額が示された。判決を聞いた原告の嗚咽が法廷内に響く。判決を聞いて弁護士が幕を持って出る。その文字は「勝訴」。法廷外で歓声が上がり、その声が法廷内に

7.11 勝訴後の記者会見・報告集会

もこだまする。

裁判長はつづいて争点についての判断を読んでいく。先輩隊員の暴言暴行は国家賠償法上、違法であること、その行為により「適応障害」となり、違法行為と自殺には相当因果関係があること、上官の安全配慮義務違反は認めないこと、国のいう過失相殺の事情はないこと、すでに公務災害の認定があり、その分は賠償額を減じること、先輩隊員への賠償請求は棄却すること。

この判決が示されると、法廷内では支援者の「ヨシ！」の声や拍手が響く。原告の妻が形見の制服を握りしめる。弁護士、原告、支援者が互いに握手を交わす。

地裁判決は、先輩隊員による数々の暴行・暴言を違法とし、それらの違法行為と自殺の相当因果関係を認めるものであり、国側のいう過失相殺を排除し、約八〇〇〇万円の損害賠償金の支払いを命じるというものだった。しかし、上司の安全配慮義務違反については認めず、先輩隊員への賠償請求は棄却した。判決で提示された損害賠償金は提訴後の公務災害認定による支給金を除くものであって、ほぼ満額であり、勝訴である。

判決ののち、記者会見と報告集会が静岡地裁浜松支部横の県西部法律事務所でもたれた。原告と弁護団が現れると、拍手が鳴り響いた。

会見と集会では、原告代理人の弁護士が判決の分析とその意義を語った。

そこでは、先輩隊員の違法行為を認定させたこと、違法行為と自殺との相当因果関係も認めさせたこと、過失相殺を認めさせなかったこと、各地の裁判での今後の追い風になること、請求額の満額に近いものが示されていること、先輩隊員の違法行為は国が責任を取ることになること、上官の安全配慮義務違反を認めないことは自衛官の人権保障につながらないことなどが示された。

集会では原告がそれぞれの思いを語った。「亡くなった無念を晴らしたという思いで裁判を起こした。『指導』という名のいじめをなくしてほしい」「訴えてきたことがほぼわかってもらえた。勝っても負けても、親としてはつらい」「先輩隊員Nは被告席にいなかった。判決をふまえて謝罪を要請したい。残念な部分もあるが、勝訴の意味は大きい。これからは他の裁判を支えていきたい」。

自衛官の人権をめぐっては全国各地で裁判がたたかわれている。浜松の裁判はその一つである。自衛隊内での人権の確立にむけて、一つひとつの裁判に勝利することが求められる。また、人権確立に向けては、軍事オンブズの制度化のみならず、自衛官が憲法上は認められている表現の自由や団結の権利を行使できるようにすることが課題である。

自衛官自身が、上官や先輩に「いじめるな」、「パワハラをやめろ」と発言できる自由が求められるのであり、それができるような団結力や交渉力が権利として自衛隊内で確立されるべきと思う。

浜松基地自衛官人権裁判勝利報告のつどい

二〇一一年九月二四日、七月の勝訴判決と判決の確定をうけて、原告・弁護団・支える会の共催による勝利報告のつどいが浜松市内でもたれ、六〇人ほどが参加した。

報告集会では、弁護団の塩沢弁護士が勝訴判決の分析をおこなった。塩沢弁護士は裁判の経過、勝訴の理由、判決の到達点と限界の順に話をすすめた。そこでは、判決がNの加害行為の違法性、その違法行為と自殺との相当因果関係を認定し、国側の過失相殺主張を認定せずにほぼ一〇〇パーセントの賠償を認めたこと、しかし、ここでの違法行為の認定は自衛隊自身が認めていた懲戒処分の事由のみに限定され、Nの個人責任と上官の安全配慮義務違反は認定されなかったという点を批判した。そして、今回の勝訴が各地の裁判での勝訴につながることを希望した。

その後、栗田、吉原、西ヶ谷弁護士からも挨拶がなされ、照屋、外山弁護士からのメッセージも紹介された。

報告集会ののち、勝利のつどいがもたれ、はじめに詩の朗読と支える会代表の桑山さんの献杯の読経がなされた。つどいでは、裁判の勝利を祝し、「たちかぜ」裁判の弁護士・原告、前橋裁判の弁護士、命の雫裁判を支援する会（東京）、「さわぎり」裁判事務局、静岡県平和運動センター、西部地区労連などから連帯の挨拶がなされた。その後、原告が発言し、参加者とともに勝訴を祝った。最後に、報告集の出版に向けての提起と「涙そうそう」が演奏された。

報告集会での問題提起や議論から、憲法第九条を維持し自衛隊の海外派兵に反対する活動と隊内の自衛官の人権を守る活動は、反戦と平和の運動の両輪としてとらえることができると考えた。戦争を防止することと隊内でのいじめなどの人権侵害をなくすことは自衛官という兵士の生命を守ることにつながるものであり、そこでの兵士との人間的な連帯の地平から平和を展望したいと思う。

浜松基地自衛官人権裁判の特徴

最後に、この浜松基地自衛官人権裁判を傍聴する中で感じたことをまとめておこう。

第一に、人権の理念の社会的蓄積があり、自衛官の人権についても各地で提訴となっていることである。新たな形の人権の闘いが始まっているわけである。それは、労働現場としての自衛隊での人権論の確立が求められているということでもある。

第二に、原告である父親は沖縄出身の元自衛官であり、サイパン移民、戦争、戦後の占領下での生活、自衛隊への就職、そして人権裁判と、沖縄のひとつの歴史を体現していることである。兵士の階級的形成と連帯について考えさせられた。原告に対し、沖縄の議員や市民運動、記者などの多くの支援があった。

第三に、自衛隊側が謝罪なしの小額の見舞金ですませようとし、Sさんの悪口を語ってその責任をとろうとしないことから、親族に自衛隊員がいても、遺族が家族で裁判にたちあがったことである。それは自衛隊側の隠蔽と無責任な体質を象徴するとともに、原告の故人への熱く深い思いを示すものである。原告の証人尋問では、その思いを感じさせる発言が続き、傍聴者を感動させた。

第四に、佐世保「さわぎり」と横須賀「たちかぜ」などの裁判の蓄積によって、浜松の術科学校側の事件報告書や供述調書の黒塗り部分のかなりを裁判で公開させたことである。自衛隊内文書の情報公開がすすみ、自衛隊内での暴言・暴行の実態をあきらかにすることができた。

第五に、裁判の争点についてみれば、不法行為の事実認定や安全配慮義務違反の認定とともに、賠償責任を取らせるために、「相当因果関係」での自衛隊側の免責を許さない論理の確立が求められる。人権侵害の被害の救済のためには、違法行為と自殺とに因果関係があれば、自殺への賠償責任があるとすべきである。地裁判決では「相当因果関係」の認定の壁を突破した。暴言・暴力があれば、指導であっても違法であり、賠償責任があるとする地裁判決の論理は明快である。

第六に、自衛隊側は二〇一〇年一二月にSさんの公務災害を認定した。パワハラによる精神的な圧迫を認めざるをえなかったのであり、先輩隊員の暴言暴行による自衛隊員の「自殺」も労災として認定されるようになった。

第七に、それらの裁判のつながりで遺族間の連帯が形成され、弁護団の全国組織も結成されたことである。裁判の勝利にむけて全国集会をもち、原告と支援の横断的結集を持つことができた。また、元自衛官が原告の側に立って動じることなく「けじめをつけたい」と勇気ある証言をおこなうなど、自衛隊関係者のなかにも支援の声が生まれた。パワハラやセクハラのない職場を求めるという人権意識の共有が自衛隊内外を貫いてすすんでいる。

人権裁判をすすめる人々には人間の尊厳を回復したいという願いがある。「命こそ宝」であるが、それが隊内での人権侵害で失われ、その死の理由が改ざんされていく。それに対する遺族の深い怒りが根底にあり、それは亡き人への愛情の深さを示すものである。

海外派兵の拡大のなかで隊員にストレスや精神的疲労が増加し、また、軍事組織としての階級差別、私的制裁や無責任・隠蔽体質も依然として存在している。それらの問題を明らかにしながら、一つひとつの人権裁判に勝つことが、隊内での人権確立への社会的な意識を形成することになるだろう。

一人ひとりの自衛隊員（兵士）の生命を大切にする活動は、民衆の生命を守ることにつながる。自衛隊員の生命が大切にされる社会は、戦争を防ぐ力、平和への力を持つ社会につながるだろう。憲法第九条と戦争を止めようとする市民の運動は、自衛隊員の生命を守り、自衛隊員による戦争での交戦やアジア民衆を殺害する行為を止めることになる。市民によって自衛隊を監視する制度を形成し、隊内での人権の確立、団結権などの労働者としての権利の確立をすすめる取り組みも求められる。

（支える会会員）

裁判の経過と支える会の主な活動

二〇〇五年
一一月一三日（日）　航空自衛隊浜松基地自衛官のSさん逝去
二〇〇八年
四月一四日（月）　静岡地裁浜松支部に提訴
六月一六日（月）　第一回口頭弁論　原告　口頭陳述
八月一八日（月）　第二回口頭弁論　調査報告書などの開示を請求
一〇月二六日（日）　浜松基地自衛官人権裁判を支える会結成
一〇月二七日（月）　第三回口頭弁論　マスキング部分の開示請求
一二月一五日（月）　第四回口頭弁論　国、マスキング処理理由に開示を見送り
二〇〇九年
二月一六日（月）　第五回口頭弁論　マスキングを減らした調査書類の提出
四月一三日（月）　第六回口頭弁論　いっそうの文書提出を請求
六月一日（月）　第七回口頭弁論　整備関係記録の提出を請求

七月六日（月）　第八回口頭弁論　供述調書について質問
八月三一日（月）　第九回口頭弁論　T元士長の陳述書について
一一月一日（日）　支える会第二回総会
一一月二日（月）　第一〇回口頭弁論　課長とショップ長の調査書について
一二月一四日（月）　第一一回口頭弁論　同調査書のマスキング部分の開示

二〇一〇年
三月一日（月）　第一二回口頭弁論　安全配慮義務違反について
四月一九日（月）　第一三回口頭弁論　証拠・母の手帳の照合
五月三一日（月）　第一四回口頭弁論　準備書面の確認
七月二六日（月）　第一五回　証人尋問ショップ長
九月一二日（日）　支える会第三回総会
九月一三日（月）　第一六回　証人尋問O課長
九月二四日（金）　公正判決要請署名第一回提出（二千人分）、一二月末までに計四万五千人分を提出
一一月一日（月）　第一七回　本人尋問　原告（父・母）
一二月六日（月）　第一八回　証人尋問　T元士長
一二月二〇日（月）　第一九回　本人尋問　原告（妻）とN二曹

二〇一一年
一月三〇日（日）　NNNドキュメント「自殺多発…自衛隊の闇―沈黙を破った遺族の闘い」放映
一月三一日（月）　第二〇回口頭弁論　書類の確認

三月七日（月）　第二一回　結審　最終準備書面、当日、公正判決要請署名、第七回目の提出（一万人分）
六月四日（土）　自衛官人権裁判に勝利を！全国交流集会
六月二一日（火）　公正判決要請署名最終提出、提出回数は計九回、提出合計署名数は八万五七四三人分、
団体署名は計六一三団体へ
七月一一日（月）　静岡地裁浜松支部で判決・勝訴
七月二五日（土）　国は控訴を断念、遺族に謝罪、判決確定
九月二四日（土）　勝利報告集会開催

（作成・支える会事務局）

4―浜松基地自衛官人権裁判を支援して

私たちは何をこそ戒めねばならないのか―――岡本真弓

浜松自衛官人権裁判の一審判決が確定した。ほぼ全面的勝利といってよいこの結果は、自衛隊関連の裁判として先行した、福岡「さわぎり」、横浜「たちかぜ」の闘いの結実をいただいたものであることはまちがいない。裁判に関わったものとして、ふたつの裁判の原告と支援をされた方々にまずは御礼を申しあげたい。

Sさんは人権侵害（ひらたく言えば「いじめ」）が原因で鬱という病を得て亡くなった。

一〇年間にわたり、彼は先輩隊員のNからいじめを受けていた。時に周囲の耳目を傍立たせるほどの事件もあったろうが、おおよそは些細な、針の穴ほどのものだったのではないか。しかし、針の穴程度の微小なものでも、放置して年月を重ねれば大きな穴となり、取り返しのつかない結果を呼ぶのは、現実のとおりである。

「いじめ」は、こどもの世界だろうとおとなの世界だろうと、現れる形ややり方に多少の違いはあれ、変わるものではない。この先、この社会でこうした被災者を出すことを断ち切るために、私たちは平素の生活で何をこそ戒めねばならないか。

今回の訴訟により、自他とも全ての《人》ひとりひとりに改めて問いかけていかねばならない命題をもらったのだと思う。

翻り、命題を果たすべく微力のうちに何ができるのか。

「私たちは誰をも原告にも被告にもしてはならないのです」とは、浜松基地自衛官人権裁判を支える会の一人の言葉である。ここにその答えのひとつがあると、二〇一一年一〇月の浜松の青い空を見上げながら思う。

もう少しでSさんの命日が来る。その魂の安からんことを。

（遠州労働者連帯ユニオン）

自衛官人権裁判に参加して

太田泰久

私が「支える会」の運動に参加するようになったのは、原告（奥さん）の訴えを聞いて、「支援しよう」と心が動かされたからでした。その理由は、自分も心の悩みを抱え自殺を考えたことがあり「他人事ではない」と思ったこと、過去に大企業を相手に裁判をたたかい「支える会」の運動の重要性を自分なりに理解していたからでした。その後、年間一〇〇人近い自衛隊員が自殺しているという、異常な自衛隊の職場実態を知ることによりその気持ちは強くなりました。

「裁判を勝たせたい」「原告を少しでも支えられたら」と、多様な思いの人たちで「支える会」を結成しました。世話人会を中心に手探りのスタートでした。

口頭弁論を重ね、証人尋問、傍聴者のお誘い、ニュース発行、駅前宣伝、署名集め、集会の組織化など、課題におわれる日々でした。結果として「勝訴」判決に少しでも貢献できたことは大変うれしいことでした。

「支える会」として特筆すべきことは、多様な意見の人たちが会に結集し、その力が大きかったと思います。なかでも、公正判決を求める署名の数は、地元浜松をはじめ全国から寄せられ、とりわけ九州から大量の署名が届きました。九万筆近い署名の数は、裁判官に少なくない影響を与えたと思います。

勝利判決を勝ち取れた要因、その一つは、「真実を明らかにして謝罪を」と、裁判にたちあがった原告の力です。この力が全ての源だと思います。二つには、その気持ちを判決という形で実らせた担当弁護士と協力していただいた全国の弁護士の力、そして、「さわぎり」「たちかぜ」「札幌」など、先陣のたたかいの成果を結集してたたかえたことです。三つには、多様な考えを持ちながらも、裁判勝利にむけて「支える会」に集った人たちの力と、それに応えて地元をはじめ全国から集まった九万弱の署名の力があったことです。

今回のたたかいの本当の勝利は、自衛隊員の人権が職場で守られ、二度とこのようなことが起きないようにすることだと思います。そのために微力ながらこれからも力を尽くしていきたいと思っています。

（スズキの職場を働きやすくする会）

歌のこと、三線のこと――井口仁

戦いの場には歌がある。歌が生まれる。

裁判後の交流会や全国集会などで何回か三線を弾かせていただいた。事務局から「交流会で何か沖縄の歌を」と依頼されたのがきっかけだった。この自衛官人権裁判の原告は沖縄と縁が深い（お父さんは沖縄出身とのこと）。「支える会」の会報のタイトル「命どう宝」（＝命こそ宝）も沖縄の心を表す大切な言葉であり、「支える会」の姿勢・心を象徴的に示す言葉だ。

そんな原告と「支える会」のメンバーたちの交流会にふさわしい歌は？と考えて最初に歌ったのは「芭蕉布」だった。この曲は沖縄の豊かな自然・歴史・文化をゆったりとした調べに乗せて歌うもので、一九六五年に作られて以来、今では沖縄を代表する歌として日本中で親しまれている。交流会で三線を弾きながらこの曲を歌ったあと、原告のお母さんから「沖縄の歌をここで聴けるとは思わなかった」と喜んでいただいたのが嬉しかった。「涙そうそう」には原告のMさんの特別な想いがあると伺った。それ以上は特にお聞きしなかったが「原告の心に寄り添う」のに一番ふさわしい曲だろうと思い、次第にこの曲を交流会や全国集会で演奏するようになった。全国集会の最後に参加者みんなでこの曲を歌った時、三線を弾きながらMさんを見たら、目を真っ赤にしていたのが強く心に残っている。その姿にこちらもグッときて、演奏を間違えてしまった。幸い気づいた人はいないようだったが……。

最愛の人の命を奪われた家族の深い悲しみ・怒り・苦しみは他者にはとうてい分かりきれるものではない。しかし、分かろうとすることはできるだろう。家族の心に寄り添おうとすることはできるだろう。拙い演奏ながらも家族と一緒に歌った歌で、私たち「支援」が少しは家族の心に近づき寄り添うことができたのではと願っている。

今後、どこかでこの「涙そうそう」を聴き、あるいは演奏する時、きっと今回の裁判のことを思い出すと思う。

（人権平和・浜松）

護られるべきもの——生駒孝子

私は今回、裁判の支援をする会に初めて参加しました。原告と弁護団を支え、世論に訴えていくには何が必要なのか、多くを学ばせていただく貴重な機会でした。

裁判も大詰め、私は勝利祈願の集会で歌われた「涙そうそう」に涙する奥さんにもらい泣きして、「防人の妻の詩」という拙い詩を書きました。その中に「国よ　防人を讃えよ」という一節があります。これは国側が裁判に勝つために「Sさんの業務遂行能力が劣っていた」と主張したと知った時の怒りが言葉になったのです。ご遺族はSさんがどれほど仕事に打ち込んできたか、それ故に苦しんできたかを身近で感じてきたはずです。これはご遺族にとっては、Sさんを二度殺されるような痛みだったのではないかと、察するにあまりある事でした。

真剣に仕事に取り組んでいる人であれば誰も、自らの仕事に誇りを持っているものです。そしてそれは、人を人として支えるもの、護られるべきものなのです。Sさんの仕事ぶりと人柄は、後輩のTさんが勇気ある証言をしてくれたことからも証明されました。またSさんの早すぎる死を悼む人々の想いの輪が、広がっていく様子は「まだこの国の人々は繋がっていける」と心強く感じさせてくれました。

ひとりひとりの人としての誇りが護られる社会でなければ、自殺大国からの脱却はありえません。私も「ひとりの力は小さくても繋がることによって、大きな力になれる」ことを伝え続ける仲間であり続けたいと願っています。

（遠州労働者連帯ユニオン）

勝利判決をこれからに生かすために

長坂輝夫

私は、勝訴か敗訴か、判断に苦しむような中途半端な判決になりはしないかと心配しながら、判決日当日を迎えた。上司の安全配慮義務違反を問わない判決ではあったが、「指導」という名のいじめの違法性を明確に断罪した勝利判決に「やった!!」と胸が熱くなった。原告も弁護団も支える会も頑張ったが、裁判官も頑張ったなと感じた。

亡くなったSさんは戻ってこないという原告の無念さは勝利判決を勝ち得ても癒えることはないだろう。しかし全国で同じような事件が起きており、泣き寝入りをせずに、国に対して事件の真相と責任を求めるたたかいが広がっている。だからこそ、原告が自衛隊で同じことが起こらないようにしてほしいと願って立ち上がった。その末に勝ち得た判決の重みを、多くの人たちに広く知らせていくことが大切だと思う。浜松の裁判は「さわぎり」「たちかぜ」裁判から大きな力を得てきた。今後は浜松の裁判もこれからの全国のたたかいの一つの力になるに違いない。

「自衛隊は憲法九条に反した存在だという認識でいるのに、自衛官の人権を守るたたかいに加わるということがどういう意味を持つのか」が六月の全国集会でも九月の勝利報告のつどいでも語られた。私も自問自答してきた。福岡でも横浜でも浜松でも自衛隊は違憲であるという強い思いを持つ人たちが、自衛官の人権裁判支援に大きな力を発揮している。これはなぜか。

自衛官も人として、当然、人権は守られるべきだ。このことは自明のことで、誰であっても人権を踏みにじられることは許されない。しかし自衛官の人権を守ることの意味はそれだけにとどまらない。私は、自衛官の人権が無視されていることと、今の自衛隊が戦争への道をすすむ動きを日米合同で強めていることとがリンクしていると感じるからこそ、自衛官の人権を守るたたかいは国民のいのちを守るたたかいに繋がることだと強く感じている。

（静岡県西部地区労働組合連合）

自衛官人権裁判と労働組合――嶋田博

静岡県西部地区労働組合連合としての支える会への参加は、裁判で証人尋問などが予定され、公正判決を求める署名運動などが動き始めてからのことです。いま改めて、労働組合運動を日常の生業としている個人として、自衛官人権裁判に参加できて良かったと思っています。

リーマンショック、東日本大震災、円高など日本経済を取り巻く環境のもとで、最近一〇年間の労働者の賃金は右肩下がりです。その一方で大企業は、内部留保といわれるため込み利益を右肩上がりに積み増ししています。いま職場でどういうことが起きているのでしょうか。西部地区労連の労働相談所は、労働者の様々な相談にのり、一緒に解決をめざしています。その相談では、パワーハラスメントに悩んで訪れる労働者が増えています。たとえば、「商品の売り上げが伸びないのはお前のせいだ、やめろ」「会社や上司に対して意見をいうのはとんでもない」などのパワハラがあります。

相談に訪れた後、組合員として、会社との団体交渉に臨みます。団体交渉とは組合用語ですが、会社との話し合いのことです。すると、会社の人事担当者は、本人の出来が悪い、ミスが多いなどと、本人も知らないようなことをのべて、パワハラを正当化してきます。労働者とともに反論してパワハラの違法性などを指摘して解決をめざします。

この浜松基地自衛官人権裁判も、自衛隊を会社として置き換えると全く同じだと思いました。自衛隊基地の中では憲法はない、会社という塀の中には憲法はない、そのような職場では、労働者は人間として生きていくことはできません。

今回の自衛官人権裁判は、ともすれば遠く離れているような自衛隊員と労働者の私たちを結びつけてくれました。「自衛官労働組合」が結成されることが求められているのでしょうか、私たちの課題も増えたと思います。

勝利おめでとうございました。

（静岡県西部地区労働組合連合）

塩沢先生の提言に想う

染谷正圀

今は亡き、共産党本部の戦中派にして安保・自衛隊問題のオーソリティーは、調査に入った自衛隊の現場にあって、制服組が政治的答弁でお茶を濁そうとすると、貴様それでも軍人か、と怒鳴りあげていました。このエピソードを思い出すにつけ、Sさんの事件のみならず、「たちかぜ」の事案でも、法廷で目の当たりにしたいじめの当事者である古参下士官たちが、組織人としての「鬼軍曹」とはほど遠く、中年の小市民にしか私には見えませんでした。この点に、いじめ・パワハラの横行する今日の自衛隊組織の病弊の重篤ぶりがあり、目的を見失った組織の官僚化の深刻さがあるのだと思います。

支える会発足集会で発言する吉岡吉典さん
（2008年6月）

改悪された教育基本法はその前文で「われらは、さきに、日本国憲法を確定し、民主的で文化的な国家を建設して、世界の平和と人類の福祉に貢献しようとする決意を示した」と高らかに宣言していました。この「世界の平和と人類の福祉への貢献」という戦後の理念が、歴代政権によって蹂躙され、日本国憲法の理念と乖離し、更には、冷戦の終結後、なし崩しの海外派兵が増加するなかで、自衛官の自覚と誇りが見失われているところに、今日の自衛隊の病理があるのだと思います。

そこからの脱却の道は、国家の暴力装置としての軍事力の否定を貫徹し、自衛隊を合憲的な組織へと改編することで、戦後、国際社会の一員としての再出発をする際に決意した「平和を愛する諸国民の公正と信義に信頼して、われらの安全と生存を保持しようと決意した」との理念を再生していくことが求められると思います。

九月二四日に開かれた「勝利報告のつどい」における塩沢先生の報告は「自衛官の人権確立の意義と展望を見据えて」という項で結ばれています。報告を聞きながらこのように想いました。

（元吉岡吉典参議院議員政策担当秘書）

人権は守られねばならない

鈴井孝雄

七月一一日、判決が出された。国に八〇〇〇万円を超える賠償を命じた勝利判決である。今後に続く人権裁判にとっても大きな前進だ。

だが一方で、原告の皆さんの気持ちが本当に晴れたのかどうか、少しの不安がある。せっかく掴んだ幸せが、上司のイジメにより命を絶たれ、その悔しい思い、無念さをどれだけ晴らすことができたのか。

原告のご両親と奥様が、本当に困難な中で立ち上がり、国を相手に裁判に挑んだ理由は、亡くなられた本人の無念さを晴らしたい、との一念だったと思う。どんなに訴えたい、と望んでもその環境があるとは限らない。裁判どころか、悔しささえも押し殺し、泣き寝入りしている人々がまだまだ沢山いるだろう。だから私は、「裁判の勝利」だけでなく、「裁判を起こした原告の勝利」だ、とも思うのである。自衛隊という中にあって非常に困難な中で裁判に到達し、そして闘い続けた原告に本当にお疲れさま、と労をねぎらいたい。困難な状況を克服した歴史についても語ってほしい。そして、その裁判を勝利に導いた弁護団に心から敬意を表する。

私たちの取り組みの過程では、長い間、躊躇があった。憲法第九条とどのように整合性を図るのか、ということである。今日段階での議論の到達点は、当たり前だがどこにあっても「人権」は守られねばならない、ということである。これを現実のものとするには、軍事オンブズマン制度の導入を自衛隊にも求めることであり、労働者の団結権と労使対等関係を築くことしかない。消防職員にも、看守にも警察官にも、まして地方公務員にも労働基本権が完全に保証されねばならない。

毎年三万人を超す自殺者が出て一〇年を超す。「助けて！」の声はいたるところにあるはずだ。私たちは、その声を聞く耳を持たねばならない。

（静岡県平和・国民運動センター事務局長）

四〇年目の宿題

門奈邦雄

あの頃、私は関東地方のある学園にいた。アメリカがベトナムに軍事介入し、沖縄からは連日のようにB52が飛び立ちベトナムを爆撃していた。世界中の若者が「戦争反対」の声を上げ、日本でも市民がアメリカ軍の戦車の輸送を阻止しようと道路に坐りこんでいた。最初に「自衛官の通入学を阻止しよう」とビラを配り、看板を立てたのは「べ平連」と自分たちを呼んでいた私もその一員であった小さなグループだった。一九六九年の春だった。その学園には夜間の工業短期大学部があって、近郊の自衛隊基地から自衛官が制服で通っていた。自衛官が通学し学んでいることは許せないと私たちは無条件で確信していた。

他と比べて遅く始まったその学園の「闘争」は時を経ず本部棟の封鎖へと進み、警察権力の介入があり、次の年の春には終息に向かっていった。その過程で私たちは、自衛隊に「就職」し、さらに勉学の機会を求めようとしている同じ世代の若者の学ぶ「権利」について真剣に議論することはなかった。

その学園に五年ほど在籍して、一九七一年の春、私は「退学届」を出し、父親がそうだったように工場で臨時工として働き始めた。そこにいる理由がなくなり、何よりも他の若者に「来るな」と言いながら争いが終わったからと学園の日常に戻り、卒業していく自分を許せなかったからだ。

それから四〇年、私は自分の中で長い間棚ざらしにしてきた宿題にひとつの回答を出すことができた。自衛隊基地でのいじめが原因で自死した若い自衛官の遺族が起こした裁判の原告とともに歩み、自衛官の「権利」を不十分ながらも国に認めさせることができたからだ。

（支える会事務局）

裁判勝利への思いをひとつに――中谷則子

今、思いだす最初の場面は、弁護団の塩沢弁護士のよびかけで、二〇〇八年九月にはままつ共同法律事務所の会議室に集まった時のことです。集まったメンバーの半数くらいは、名前を知らない人達でした。最初は、戸惑いやくいちがいもありました。それぞれの個人や組織の歴史も異なり、当然、考え方にも違いがあります。でも、その違いにこだわらないで、「裁判勝利のために」と力を合わせてくることができて、本当によかったと思います。九州を中心に全国からの署名の支援も大きな力でした。

二〇一〇年三月に札幌で開かれた自衛官人権裁判の第一回全国交流集会、そして二〇一一年六月に浜松で二回目の全国交流集会が開催されました。この二つの集会もまた、裁判勝利のカギになったと思います。自衛官人権裁判に関わる全国の弁護士、原告、支援者が一同に集まり、「自衛官の命と人権を守りたい」「そのためにも必ず裁判勝利を」の思いがひしひしと伝わってくる集会となりました。

原告の皆さんのたいへんさは、言うまでもありません。遠く宮崎から毎回、浜松の地へ足を運ばれたお父さん、お母さん。そして幼い息子さんを抱えながら裁判を続けてこられた奥さん。いつもまわりの人へ感謝の気持ちを忘れない原告の皆さんの丁寧な姿がありました。だからこそ、支援の輪も広がっていったのだと思います。

三月七日の結審後、判決を前にして全国交流集会を浜松でやることが決まり、支える会もにわかに忙しくなりました。事務局員は五人で、その他に奥さんが毎回参加されました。支える会の中心にいて仲介役の門奈さん、ハードな仕事の中、会議に参加された生駒さん、会計を引き受けて下さった森下さん、宣伝行動ではいつもマイクをもってくれた吉野さん、私はレジュメやニュース作りは夫にまかせて、もっぱら、おもてに顔をだす役でした。交流集会のための独自の集まりには、支える会のメンバーだけでなく、塩沢弁護士や鈴井さんが参加され、中身の濃い内容になりました。

また、はままつ共同法律事務所の豊田さんが、忙しい弁護士の皆さんとの連絡などのパイプ役をしてくださり、支援運動を滞りなく進めることができました。

傍聴に来て頂いた皆さんや支援してくださった大勢の方の顔が浮かんできますが、ここには書ききれません。失われた命がもどってくることはありません。しかし、一途な思いで裁判にたちあがった原告は、すばらしい弁護士と出会い、支援者も共に持てる力を発揮して「裁判勝利」を手にすることができました。久しぶりに心躍る出来事でした。支える会の事務局員の一員として参加させていただき、感謝しています。これからの運動に大きな励ましを与えてくれた裁判に、そして裁判を通して出会った皆さんに、心よりお礼を申し上げます。

これからも命と未来を守る運動をしていきたいと思います。

（支える会事務局）

いのち・権利、母の愛を見つめて——小黒啓子

「はじめまして、掲載された記事です。ご覧になってください」と交わした言葉が初めての出会いでした。向かいには、原告のお父さん、お母さん、海自「さわぎり」裁判を闘ったお母さん、そして海自「たちかぜ」裁判を闘っているお母さん、まさに、自衛官人権裁判での新しい歴史を創りだしているお母さんたちがいました。

初めての出会いなのに、何故か懐かしさを感じるような微笑みと輝く瞳が印象深く、やさしい人たちに出会えたと感じました。

提訴した年の一一月、原告であるお母さんからいただいた手紙に、「息子が亡くなって三年になります。心苦しくて夫婦で助けてやれなかった息子に申し訳なく、毎日仏前に謝っています。優秀ではなく、普通だったかもしれないけれど、あの子の人権を奪う権利は誰にもありません。悪いことはしっかり謝ってほしい」とありました。この手紙の一文字ひと文字に母の思いが詰まっています。

その後、この裁判を支える会をつくろうと、「支援する会」の準備会が始まり、二〇〇八年一〇月二六日にその結成総会が行われました。「何が何でも勝利判決に向けてがんばろう、地球上のすべての母のために、そしてすべてのいのちのために」と言い聞かせている自分がそこにいました。

裁判の結果は、この闘いに関わったすべてのみなさんの思いが伝わるものとなり、ほっとしています。この裁判を支援することで、「人のいのち」の重さを見つめ直し、また、母として闘う意味を教えてもらうことになりました。

この裁判から学んだことを、今後の自分自身の糧とし、頑張っていこうと思います。勝利判決は、みんなで掴んだいのちを繋ぐ宝物です。

（浜松市議会議員）

人権を抜きに自衛隊の未来はない

服部良一

原告との最初の出会いは私が山内徳信参議院議員の秘書をしている時だ。「さわぎり」や「たちかぜ」裁判の原告の皆さんが、亡くなった浜松の自衛官のご両親を連れて議員会館事務所に来られた。まだ決心のつかないご両親に提訴を促すという思いもあったのかも知れない。事実私が初めてお会いした時は、提訴については自信のない迷いの気持ちがありありであった。ただ、山内徳信議員が沖縄県読谷村で高校の教師をしておられるとき、お父さんが教え子であったということもあり、なんとか息子の無念を晴らしたい、なんとか糸口をつかみたい思いで来られたのであろう。

その後、資料を送って頂いた。そこには、息子さんの経歴や、時間ごとの詳細な作業日誌、自衛隊側との調査についてのやり取りなどが、びっしりと記載されていた。その行間からは、息子の姿や息子へのいじめの実態など、自衛隊の中で一体何があったのかを必死に読み取ろうとする親の思いが感じられた。私はその思いになんとか答えなければならないと思った。

地元で弁護士をどうしていいかも不安材料であった。この種の国賠訴訟を引きうけてくれる弁護士が見つかるのか、しかしそれから間もなくしてだった。神奈川の「たちかぜ」裁判の弁護団つながりで、塩沢弁護士を中心にお引き受けして頂く連絡が入ったのだ。

私のもう一つの気がかりは、浜松で支援の態勢が作れるのかであった。できる限り幅広く多くの市民、団体、政党に関わって欲しいと思いながら、私なりに支援をお願いしたことを思い出す。裁判は始まり、支援の輪も少しずつ広がっていった。

私自身はその後、二〇〇九年の衆議院選挙に立候補することになり、選挙戦に突入、社民党近畿ブロックから国会に送って頂いた。その後は時折送られてくるニュースで裁判の進捗状況を把握する程度となり、法廷にはなかなか駆けつける時間がなかったことを申し訳なく思う。

判決の前には奥さんから丁重な手紙も頂いた。何を差し置いても行かなければならない。弁護団として入っている社民党照屋寛徳衆議院議員も当然駆けつけるという。私は法廷で遺族の皆さんの顔がすぐ前に見える場所に座っていた。判決の瞬間、顔がほころんだ。亡くなって六年、提訴して四年、いろんな思いが駆け巡っていることだろう。私も思わず涙ぐんだ。

防衛省に控訴を断念させなければならない。遺族の皆さんが塩沢弁護士と一緒に国会に来られた。照屋議員が同行して北澤防衛大臣に控訴断念の要請に行った。まもなく防衛省から正式の控訴断念の発表があった。判決が確定した瞬間だった。

勝訴判決の確定に向けて発言する服部良一衆院議員

自衛官の人権の問題については、今川正美前衆議院議員が地元佐世保で起きた「さわぎり」裁判を支援するなど、社民党は先駆的に取り組んできた。自衛隊自身が人権を考えることは、自衛隊の根本的なあり方にも深く関係することであり、非常に重要なことだ。人殺しに動員されるのか、震災の現場で人命救助に奮闘するのか、自衛隊の行方にも関わることだと思う。「平和」と「人権」をまさに一体のものとして、これからも取り組んでいきたい。

（衆議院議員）

命なり　酷暑を生きて――勝利報告　　桑山源龍

十六夜の月の出るごとく
墨に染まり込まれた防衛省の調書を
弁護団の「これでは何も見えない」と裁判長に迫り
幾回かの法廷を開いた末
墨塗りの調査が　行間に浮かび上がった
二ヶ月の一度の法廷も僅か五分で閉廷
終了後の報告集会で弁護団から説明を受けなければ
法廷で何を議論されたかが理解出来ない
法廷に常時出張する防衛省関係の人数十二、三名
中に一人の役割がほぼ満席の傍聴者をひそかに数える

一年が過ぎ　二年が去り　三年目にして証人尋問
元自衛官の父親は　背筋を真っ直ぐに伸ばし律儀な口調
息子の自衛官としての十一年を詳細に語る
看護婦である母親は　息子の子供の頃からの様子を
具体的に正確に語りつつ　優しくてしみじみとした証言

個人と職場を同じくしていた女性自衛官は　生まれたばかりの赤ちゃんと
夫の自衛官ともども仙台から来て浜松の法廷に立ち
国の反対尋問に対して　組織人としての胸の苦しみを語りながらも
「人生にけじめをつけるため証人になった」と凛として証言

生後四ヶ月の長男を残して　妻に「ほんとうにごめん」と書き置きして自殺した夫
十年間も直属の上司から暴力・暴言を加えつくされ精神疾患を発症した夫
法廷にのぞんで「主人の無念を晴らし息子に真実を残したい
そして自衛隊の組織を変えてほしい」と毅然と証言

それにひきかえ自衛隊員である被告人は
「行き過ぎたが指導の一環」と公私もわきまえず
云いあきた一般の公用語をならべたて
課長にいたっては云い訳と「逃げ」に終わるのみ

五回の法廷で証人尋問を終え　三月七日結審
「支える会」は様々な人達のなみなみならぬ努力と執念で
弁護団・原告をよくぞ支え抜いてきた　唯々感動
「自衛官人権裁判勝利を！全国交流集会・浜松」で結集した力で

七月十一日の判決にのぞむ
裁判長の発する判決内の言葉は理解しがたいことが多かったが
「勝った」
法廷がどよめき　喜びに涙が流れた
自殺との因果関係を明確に認定して
「国賠法上違法」だと結論づけられたことに
「勝った」と感じて　じーんと胸に落ちた
提訴から勝利判決確定まで三年三ヶ月
二十二回の裁判の結果であった

防衛省も浜松での裁判を認め
故人を殉職者扱いとして一階級昇進
浜松基地の慰霊碑に故人の名が刻まれるという
故人の位牌には平成十七年十一月十三日行年二十九才……と書かれている
防衛省内で被告人をはじめ上官等について
訓告か何かあったか詳らかではない

（前住職・支える会代表）

支える会・桑山さん

第3部○自衛官の人権確立に向けて

1 「戦争のできる国」づくりと自衛官の人権

吉田敏浩

1　労働者の人権問題の一環として

自衛隊における、いじめ、パワーハラスメント、セクシュアルハラスメント、性的暴力、しごき、私的制裁、体罰など深刻な人権侵害によって、自殺に追い込まれたり、ノイローゼになったり、負傷したり、死亡したりする事件が相次いでいる。

このような人権侵害に対して、被害者やその遺族が国を相手取り、自衛隊すなわち国の責任を問い、損害賠償を求める裁判が、全国各地で起きている。

自衛官の人権問題について考えるときの要点は、自衛隊内の人権侵害と企業や官庁や学校などにおける人権侵害を、つながりのある問題として捉えること、労働者の人権問題の一環として捉えることである。

つまり、自衛官のいじめ自殺問題など人権侵害と、企業や官庁や学校などにおけるパワーハラスメント自殺、過労自殺、過労死など人権侵害との間に、共通性を見いだすことが大事である。

どちらも組織内の上下関係、ピラミッド型の管理・統制の構造がつくりだす歪みから生じている側面がある。巨視的に見れば、組織がその構成員（自衛官など公務員、企業の従業員など）を、任務や業務、国策遂行や利潤追求のための歯車として、いわば「人的資源」として使い捨てにする構造が、根本的な問題としてある。この「人的資源」の発想は人間を手段化・道具化し、国家優先・企業優先・組織優先の論理のもと人権侵害を生み出すことにつながっている。

自衛官のいじめ自殺について国の責任を認めた「さわぎり裁判福岡高裁判決」（二〇〇八年）は、「電通社員過労自殺事件最高裁判決」（二〇〇〇年）で確立された法理に基づいている。

「電通社員過労自殺事件最高裁判決」で最高裁は、企業など使用者側に、「労働者の心身の健康を損なうことがないよう注意する義務」（安全配慮義務）を義務づけた。その大前提に立って、「業務の遂行に伴う疲労や心理的負荷等の過度の蓄積」が鬱病を発症させ、自殺に至らしめたとして、企業の安全配慮義務違反による賠償責任を認めた。

この最高裁判決は、労働者の自殺をめぐる訴訟で、使用者側の賠償責任を明確化した画期的な判決である。ほかの過労自殺やパワーハラスメント自殺の裁判で、使用者側の責任を認めさせる根拠になっている。

「さわぎり裁判福岡高裁判決」も、この最高裁判決の法理を拠り所に、「心理的負荷を過度に蓄積させる行為」の違法性と、使用者側の安全配慮義務違反を、国と国家公務員の場合にも当てはめた。自衛隊内の人権侵害と企業における人権侵害を、つながりのある問題として捉え、労働者の人権問題の一環として捉えたのである。

自衛官の人権も、憲法で保障された普遍的な基本的人権として、自衛官以外の人びとのそれと同様に尊重されなければならない。

自衛官の人権問題について考えるときの、もうひとつの要点を挙げてみたい。

2　日米軍事同盟の強化が背景に

自衛官のいじめ自殺問題など人権侵害の背景には、近年の自衛隊海外派遣の拡大・長期化や訓練・演習の強化などに伴う、自衛官のストレスの増加があるのではないだろうか。つまり、米国の世界戦略に沿って、日米軍事一体化・日本の海外派兵国家化が進み、自衛隊が米軍とともに海外で戦争をする軍隊に変貌しようとしている状況が、背景にあるのではないか。

それは、日米安保の変質・拡大による日米同盟（軍事同盟）強化の動きがもたらしたものである。日米安保はいまや日米同盟すなわち日米軍事同盟として、日本や極東という従来の範囲を超えて変質し、世界的・地球的規模に拡大されている。

一九九六年当時の橋本首相とクリントン大統領による「日米安全保障共同宣言」（「安保再定義」）、二〇〇五年当時の小泉首相とブッシュ大統領による「日米未来のための変革と再編」、二〇一〇年の鳩山・オバマ両政権による「安保条約署名五〇周年共同文書」など、日米両政府間の合意を通じて拡大されてきた。

その結果、米軍と自衛隊の連携が強化され、日米軍事一体化が進んでいる。米軍再編による在日米軍基地の強化、米軍と自衛隊の基地共同使用の促進などもその一環である。

こうした日米軍事同盟の拡大に伴い、日米新ガイドライン（一九九七年）、周辺事態法（九九年）、武力攻撃事態法（二〇〇三年）や米軍支援円滑化法（二〇〇四年）など有事法制、米軍基地再編促進法（〇七年）など、次々と新たな政策が立てられ、法律・制度が整えられた。それによって日米軍事同盟の有事体制（戦時体制）が築かれてきている。

テロ対策特措法（二〇〇一年）とイラク特措法（〇三年）によって、自衛隊はインド洋、アラビア海、ペルシャ湾、クウェート、イラクに派遣された。そこで、自衛隊は米軍への兵站支援（後方支援）の実績を積み重ねた。自衛隊の補給艦はインド洋やアラビア海で、アフガニスタン空爆作戦をおこなう米軍艦に洋上給油をした。イラク派遣の航空自衛隊輸送機は、クウェートとイラクの間を往復しながら、武装した米兵を主とする多国籍軍部隊を多数運んでいた。

こうした自衛隊による米軍支援（戦争協力）は、米国の戦争への加担であり、米軍の武力行使で殺傷されるアフガニスタンやイラクの人びとに対して、日本が間接的な戦争の加害者の立場に立つことを意味する。自衛隊は米軍とともに地球的規模で戦える態勢に向けて、輸送力・戦闘能力・機動力・海外展開能力を高めている。そのため自衛隊の装備は大型化・高性能化の一途をたどっている。

近年配備されたヘリコプター空母型護衛艦は、基準排水量が一万三五〇〇トンもあり、従来の護衛艦の二倍以上だ。基準排水量が従来の八一〇〇トンから一万三五〇〇トンに増大した大型補給艦も配備され、インド洋で洋上給油活動をした。大型輸送艦、空中給油機などもすでに配備されている。

3　進む海外派兵国家化

自衛隊は、イラクやアフガニスタンで戦闘してきた米軍と共同訓練・演習を繰り返している。二〇〇九年度の日米共同訓練・演習は五一回、延べ五八七日間に上る。〇八年度は五四回、延べ六一九日間だった。

海上自衛隊の護衛艦が米軍とともに迎撃ミサイル発射の共同訓練をしている。米軍の空中給油機から航空自衛隊の戦闘機が空中給油を受けてアラスカなどでの演習にも参加した。米海兵隊と陸上自衛隊が上陸作戦や市街地戦闘などの共同訓練に励んでいる。陸上自衛隊は米海兵隊からＩＥＤ（即製爆発装置、路肩爆弾）の処理法も学んでいる。最近では、航空自衛隊が日米共同訓練において米軍機に空中給油できる「覚書」を二〇一一年に締結していたことも明らかになった。

また、ソマリア沖の海賊対処活動への自衛隊派遣に伴い、自衛隊は活動拠点としてジブチ空港に基地を建設した。自衛隊の初の海外基地である。日本政府はジブチ政府と地位協定を結び、施設・部隊・船舶・航空機への不可侵（ジブチ官憲は日本側の同意を得た場合のみ立ち入れる）、部隊の出入国自由、課徴金の免除、自衛隊員の刑事裁判権免除などの特権を得ている。

自衛隊はイラク派遣の際、クウェートの米軍基地を一時的に共同使用して、輸送機の空輸活動の拠点にしたり、装甲車などの走行訓練、射撃訓練などもしていた。いまや自衛隊が海外に基地を設けたり、海外で米軍と基地を共同使用したりする時代にもなっているのである。

自民党政権は米国側の提唱に応じて、「日米同盟は米英同盟をモデルに地球的規模の活動をすべきだ」と唱えてきた。民主党政権にも同じような「日米同盟強化」の考え方がある。それは、アメリカとともに世界中で戦争をする、共に戦場で血を流す関係を意味する。

民主党政権での首相の私的諮問機関「新たな時代の安全保障と防衛力に関する懇談会」が二〇一〇年八月に報告書を出した。集団的自衛権行使の容認、武器輸出を禁じる三原則の見直し、ＰＫＯ（国連平和維持活動）参加五原則の武器使用基準の見直し、国家・軍事秘密保護法制の制定などを求める内容だった。最近では、民主党の前原政調会長がＰＫＯでの武器使用基準の緩和や武器輸出三原則の見直しを唱えている。

また、自民党が二〇〇六年にまとめた「国際平和協力法案」すなわち「海外派兵恒久法案」には、補給・輸送活動の枠を越えて、自衛隊が「安全確保活動」や「警護活動」という名の治安維持活動にまで踏み込むことが含まれている。

「海外派兵恒久法」とは、テロ対策特措法やイラク特措法といった期間・地域限定の時限立法の特措法ではなく、いつでもどこにでも自衛隊を派遣して、米軍や多国籍軍に協力できるようにするための恒久法である。

その「安全確保活動」の具体的な内容は、「暴力行為の防止」のために、駐留、巡回、予防措置、当該行為の制止・再発防止などをおこなうとしている。「安全確保活動」や「警護活動」での武器使用基準も緩和されており、容疑者の一時的拘束、土地・家屋などへの立ち入りなどの「強制措置」の際、「権限の行使への妨害防止」や「抵抗の抑止」のために武器を使えるとしている。

これらは、米軍がアフガニスタンやイラクで「テロとの戦い」「治安維持」という名目でおこなっている掃討作戦のような、家宅捜索で一軒一軒しらみつぶしにドアを蹴破って入り、不審な者がいれば拘束する、危ないと判断したら発砲して住民を殺傷したりもする、という事態を想定したものではないか。

このような戦闘行為にまで足を踏み入れる「海外派兵恒久法」を制定しようという考えは、自民党だけではなく民主党内にも見られる。

憲法九条を変えようとする明文改憲への動きもあるが、明文改憲しなくても、集団的自衛権の行使容認に解釈改憲したり、治安維持活動（戦闘）もできる「海外派兵恒久法」をつくったりしたら、日本は事実上、戦争のできる国になってしまう。

4　自衛官を戦場に送り出す国にしないために

「テロとの戦い」「国際貢献」「国際平和協力活動」「国際的な安全保障環境の改善」などの大義名分のもと、日米軍事一体化が進む。「専守防衛」の自衛隊から「海外派兵」できる自衛隊へと変わりつつある。まさに軍拡路線そのものである。

つまり「日米同盟の深化」と呼ばれる日米安保の変質・拡大は、日本のアメリカに対する従属のもと、「海外派兵をして戦争のできる国づくり」に結びついている。

そして、自衛官は日本の戦争国家化・海外派兵国家化のいわば最前線に立たされている。もしも「海外派兵恒久法」が制定されたり、集団的自衛権の行使が認められたりしたら、自衛隊では「任務遂行のためには上官の命令に絶対服従」がより強調されるだろう。

自衛隊は近年、自衛官のストレス対策・メンタルヘルスケアに力を入れている。自衛官をまさに戦闘・戦争のできる兵士へと心身ともに変えようとしているのではないか。危険な状況に身を投じて、人を殺せる兵士をつくりだそうという自衛隊内の空気、心理的圧力も高まってきているのではないか。

自衛隊による隊員の「メンタルヘルスケア」の目的は、「職務遂行の円滑化」や「精神的精強性の保持」である。組織優先の色合いが濃い。近年の日米軍事一体化と自衛隊海外派遣の拡大に伴い、自衛隊が「精強な部隊の練成」など精強性を強調する傾向とも重なっている。

国策遂行のために自衛官を組織の歯車として使っていく、そして結果的にそれについていけない者は使い捨てていく、ということが自衛隊の組織構造のメカニズムとして働いているのではないか。

かろうじて憲法九条があり、集団的自衛権の行使がまだ認められず、「海外派兵恒久法」もできていないので、自衛隊は戦闘行為にまでは及んでいないが、戦場に足を踏み入れてゆく動きは着々と進んでいる。

自衛官の人権問題について考えるとき、以上述べた一連の動き、時代状況、構図のなかに、自衛官の人権問題と憲法九条とを位置づけることが重要である。

国家によって自衛官の生命と人権が尊重されず、「人的資源」として使い捨てにされてゆく動きは、自衛隊を米軍とともに海外で戦争のできる本格的な軍隊へと脱皮させることにつながり、「戦争のできる国づくり」へとつながる。

国家によって自衛官の生命と人権が尊重されない状況は、戦時体制をつくりやすくし、やがて自衛官以外の人びとの生命と人権が、戦争という国策遂行のもとで尊重されない時代を招くおそれがある。

自衛官の人権を尊重せず、情報隠蔽体質も持つ自衛隊という軍事組織に対して、自衛官の人権を尊重するように求めることは、自衛隊が軍事組織として肥大し暴走しないように歯止めをかけることにもつながる。

それは、自衛隊内の人権侵害と企業や官庁や学校などにおける人権侵害を、共通性のある問題、労働者の人権問題の一環として捉えることとも結びついている。

日本が、日本人が再び海外派兵をして戦争の直接の加害者になってしまわないために、「自衛官を戦場に送り出す」国・社会にしてはいけない。そのためにも、自衛官の人権問題について考えてみるべきではないだろうか。

（ジャーナリスト）

2—自衛官の〝人権〟の確立を

今川正美

心身ともにもっとも屈強なはずの自衛官が、毎年一〇〇人ちかく自殺している。しかも、その原因の半数がいじめやセクハラなどによるとみられる。一方では、自衛官による凶悪な犯罪も多いが、その処分は一般公務員よりはるかに軽い。こんな深刻な実態をどれほどの人が知っているだろうか。ここでは、自衛官の実情について検証してみる。

1 「さわぎり」人権侵害裁判

「さわぎり」事件といっても、ほとんどの人は知らないだろう。事件が起きたのは、ちょうど一二年前の一九九九年一一月八日。海上自衛隊佐世保基地所属の護衛艦「さわぎり」が航行中に、乗組員のA三曹（二一歳）が上司の執拗ないじめを苦にして艦内で自殺した。若妻と幼子（〇歳）を残しての悲劇だった。

両親は、二〇〇一年六月、自殺の真相解明と息子さんの名誉回復、自衛官自殺の再発防止を求めて提訴した。しかし、防衛庁（現・防衛省）は、「いじめはなかった」「自分の能力不足を苦にしての自殺」と決め付けた。二〇〇五年六月、長崎地裁佐世保支部は、上司らの暴言の事実を認めながらも、「ある程度の厳しい指導・教育にさらされることはやむを得ない」として請求を棄却した。両親はただちに福岡高裁へ控訴。そして、二〇〇八年八月二五日、福岡高裁（牧弘二裁判長）は、国に対し原告に損害賠償金の支払いを命じる判決を下した。判決理由の要旨は、「隊員はうつ病が原因で自殺した。そのうつ病の原因は、上司の侮辱的な言動によるストレスであった。結局、上司の行為と隊員の自殺との因果関係が認められる」というものである。結局、防衛省は上告を断念し、国の敗訴が確定した。

五七年に及ぶ自衛隊史上、自衛官の〝いじめ自殺〟に係る初めての画期的判決であった。困難を極めたこの裁判に、最初から関わりをもてた私にとって最も感激深い出来事であった。というのも、若い頃から自衛隊への反対行動を重ねてきた私に「自衛官の人権」という視点を与えてくれた事件であり、三年余の国政活動で欠かせない課題であったからだ。

2　増大する自衛官自殺の「構造的病根」

ところで、国民の自殺は毎年三万人を超える悲しい実態であるが、自衛官の自殺も毎年一〇〇人ちかくにのぼっている。二〇〇一年から二〇一〇年までの一〇年間で八〇八人（陸自五四二人・海自一五四人・空自一一二人）、隊員一〇万人あたりの自殺者数は三四人（二〇一〇年度）で、一般職国家公務員の一・五倍である。自殺の原因は、「借財」「家庭」「職務」「病苦」など様々だが、「その他・不明」が毎年約半数を占めており、この点が「いじめ」などによる自殺と推測される。

なかでも見逃せないのは、海外派遣任務から帰還した自衛官からも自殺者が続出している事実だ。照屋寛徳衆議院議員（社民党）の「質問主意書」に対する政府の「答弁書」によると、インド洋とイラク派遣自衛官の延べ人数は陸・海・空合計で一万九七〇〇人、そのうち一六人（陸自七・海自八・空自一）が自殺している。

照屋議員は「自殺原因は明らかになっていないが、過酷な勤務、派遣先での業務従事と良心との葛藤、海外派遣への批判に対する軋轢など、さまざまな原因が考えられる」と指摘している。

こうした事態に直面した防衛省は、「さわぎり」事件を契機に他省庁に先駆けて、「自衛隊員のメンタルヘルスに関する検討会」（二〇〇〇年七月）や「自殺事故防止対策本部」（二〇〇三年七月）を設置、二〇〇七年三月には自殺防止プログラムを盛り込んだ冊子「メンタルヘルス教育」を全国の部隊幹部らに配布したのだが、残念ながら現場で活用・実践されている気配はない。

この状況に関して、ＮＨＫキャスターから海自・臨床心理士に転身した山下吏良さんが昨年（二〇一〇年）出版された著作『海上自衛隊メンタルヘルス奮戦記』が興味深い。彼女は海自佐世保地方総監部に所属。自衛官の自殺やメンタルヘルス罹患者の多さに驚き、悩める自衛官への面談や部隊指揮官へのメンタルケア講義など、実に熱心で多忙な日々が描かれている。

しかし、見逃せないのは、次の記述である。——「自衛隊では、〝いじめ〟があったという例は極めて稀です。何をもって〝いじめ〟というのか明確な定義もないのですが……」（中略）「いじめらしきものがあったと言われているものでも、調査報告書やいろいろな人の話を総合すると、些細なことで騒いでいるだけで、『昔はこの程度のことをいじめとは言わなかった』というようなケースもあるようです」というのだ。このような認識では、自衛官の自殺対策など充分にできようはずがない。

3　広がりをみせる自衛官人権裁判

私は、護衛艦「さわぎり」の現場調査（二〇〇〇年五月）をはじめ、議員時代も併せて重大な事件・事故の調査・検証に立ち会ってきた。護衛艦「うみぎり」（横須賀配備）では、三回にわたって艦内で放火事件が発生（二〇〇二年）。犯人の士長と三尉はいずれも「上司のいじめ・暴力に対するうっぷん晴らしでやった」と供述した。同年三月、佐世保の陸自相浦駐屯地に新設されたばかりの西部方面隊直轄の普通科連隊いわゆる「ゲリコマ対処部隊」では、五月から七月にかけて相次いで三人の精鋭隊員が自殺した。いずれも原因は上司らによるいじめが濃厚であったが、けっきょく立証できなかった。

二〇〇八年九月には、広島県・江田島の第一術科学校で「特別警備隊」（自衛隊初の特殊部隊、二〇〇一年創設）の隊員（三曹）が同僚ら一五人による集団暴行で殺された。自衛隊側は「格闘」訓練だったと弁解するが、現場に格闘訓練の資格者もおらず「脱落者」へのみせしめ制裁行為だった。

今年（二〇一一年）、海自のある艦船で二〇代半ばの自衛官が上司の執拗ないじめで「うつ病」に罹患した。この時は、「たちかぜ」裁判原告のAさんと「さわぎり」裁判の元原告Bさんが照屋寛徳議員との連携で、艦長や艦隊司令らと協議し、陸上勤務に配置換えすることで最悪の事態を免れた。艦長らは冊子「メンタルヘルス教育」を読んだ様子もなく自己保身に必死の有様だった（被害者が現職のため詳細は触れない）。

全国集会で発言する今川さん（2011年6月4日）

実は、こうした〝いじめ・リンチ〟体質は旧日本軍から引き継いでいるようだ。作家・丸谷才一氏のコラム「袖のボタン」（朝日新聞、二〇〇八年二月七日）が分りやすいので紹介する――。

「日本海軍の軍艦はよく爆沈〔五隻――今川注〕するが、少なくとも半数は制裁のひどさに対する水兵の道連れ自殺という噂が絶えない（中井久夫著「関与と観察」）」。「旧日本軍は私的制裁がひどかったし、上官への絶対服従が掟とされていた。リンチは教育の手段として黙認されていたが、実は徴兵制度によって強制的に自由を剥奪されている者が、鬱憤を晴らすためのサディズムであった（野間宏の小説『真空地帯』、浜田知明の版画『初年兵哀歌』に詳しい）」。そして丸谷氏は言う。「自衛隊は旧日本軍と同じくリンチが盛んだし、さらに上層部はそういう事態を、容認したり、糊塗しようとしたりしている。（中略）陰湿ないじめの体質、それを傍観して平気でいる気風は、われわれの社会から除きがたい」のだと。

現在、自衛隊のいじめ・セクハラなどに関する訴訟では、「さわぎり」裁判に次いで空自・北海道女性自衛官セクハラ裁判（二〇〇七年五月）、さらに今回の空自・浜松裁判（二〇〇八年四月）の各裁判で勝訴を収めた。このほか、護衛艦「たちかぜ」裁判（二〇〇六年四月）の控訴審や空自・小松暴行失明事件（二〇〇八年七月）、陸自・真駒内の「命の雫」裁判（二〇一〇年八月）など大きな広がりをみせている（年月は提訴日）。

ところで、今年（二〇一一年）三月一一日の「東日本大震災」と福島原発事故は、未曾有の大被害をもたらした。この大災害にかかわって自衛隊の〝大活躍〟が大きく報道、評価されている。たしかに、これほどの広域かつ大規模な災害に対応しうるのは消防や警察の能力を超えており、陸・海・空自衛隊総勢一〇万六〇〇〇人もの派遣は、被災地の救援に大きな力となったのは事実である。

しかし、被災地・海域での遺体の捜索・収容など過酷な任務、或いは福島原発の放射能汚染区域での危険を度外視した行動など、派遣自衛官の意志は無視され人権は顧みられることはなかった。派遣を忌避するには、〝脱走〟するか意図的に事件を引き起こして収監されるしかない。実際にそうした事例が出ているようだ。また、被災地から帰還後、ＰＴＳＤ（心的外傷後ストレス障害）などの精神的疾患に罹患した自衛官も多いと聞くが、そうしたことへの対応及び検証がどこまで行われたのか極めて疑問である。

4　いまこそ「軍事オンブズマン制度」の創設を！

ところで、こうした痛ましい事件が起こるたびに、最も問題だと思うのは、防衛省は「個人の資質の問題」だとして、自衛隊の「構造的な病根」であることを決して認めようとしないことだ。事件の調査は自衛隊の捜査機関「警務隊」が行うが、所詮「身内による捜査」で限界があり、その「事故調査報告書」のいい加減さは「さわぎり」裁判で実証済みだ。

私は議員時代に、こうした相次ぐ自衛官の自殺を防止するために、自衛隊での人権教育の徹底と「軍事オンブズマン制度」導入の必要性を説いたが、自民党や民主党などの保守系議員らは「軍人に人権教育なんてやっていたら、いざという時に敵を殺せない」ということをつぶやいていたものだ。この問題に関しては、「自衛隊は憲法違反」と主張する平和運動側からも敬遠されがちだった。

今回は紙幅の関係で詳しく触れないが、自衛官の犯罪件数も尋常ではない。ちなみに、二〇〇五年七二件、二〇〇六年一〇一件、二〇〇七年九六件である。自衛官の人数は約二五万人（事務官含む）、同規模のトヨタやNTTで年間一〇〇件を超える犯罪があったとしたら、その企業は存続していけるだろうか？　しかも、凶悪な犯罪を除いて、罪を犯した隊員の処分は一か月以内の停職処分で済まされる。ほかの公務員や民間企業に比べてあまりにも軽すぎる。処分を厳しくするのと併せて、犯罪行為の原因・背景を究明し再発防止策の確立が急がれなければならない。

最後に、「軍事オンブズマン制度」について、東京新聞・三浦耕喜記者の記事を参考に紹介しておきたい。

――戦後、ドイツが再軍備するときに、ナチスの教訓から二度と軍が悪用されないために、スウェーデンの制度を参考にして設置された。兵士の不満や異論を議会がチェックすることで軍内部に潜む問題点を明らかにし、議会による軍の統制を図ることが目的だ。年間約六〇〇〇件の兵士からの申し立てがあるといい、民主国家では必須の制度だとされる（ドイツ議会軍事オンブズマンのラインホルト・ロッベ氏の話）。

こうした、軍事オンブズマン制度に関する国際会議が、二〇〇九年以来すでに三回開催されている。第二回目の国際会議（二〇一〇年一〇月四月二五日〜二八日、ウィーンで開催）には、石村善治先生（元・長崎県立大学学長、福岡大学名誉教授、元「さわぎり」裁判支える会会長）が日本から唯一人出席され、事実上日本代表の待遇だったとのことである。

石村先生の話によると、――参加国は二二か国。オーストリア議会内会場で同国の国民議会議長と連邦首相の挨拶に始まり、各国から兵士の人権の促進と保障の状況、表現・団結・集会の自由など豊富な活動報告があった。特に、欧州各国では軍人たちの〝労働組合〟が事実上作られており、軍人たちの人権や労働条件を求めて集会・デモ行動などが公然と繰り広げられているとのこと。

最終的に、男女兵士の人権保障、ＰＴＳＤ対策、軍事オンブズマン制度の普及及び条件整備、第三回国際会議の開催（二〇一一年、セルビアで開催）など九項目の「ウィーン覚書」が採択された（今年（二〇一一年）の国際会議には、防衛省から事務官が初めて参加したとのこと）。

日本でもできるだけ早く「軍事オンブズマン制度」を創設すべきなのだが、決して容易ではない。何よりも、大半の国会議員は、自衛隊を政治の道具として利用することには熱心だが、自衛官の人権問題に関心を抱く議員があまりにも少ない。

まずは、自衛官の人権問題に関心を抱く超党派の議員連盟を作り、「軍事オンブズマン制度」創設に向けた具体的準備を進める必要がある。併せて、できるだけ各地に「自衛官人権ホットライン」のネットワークを張り巡らし、悩める自衛官の受け皿を作りたいものだ。

こうした自衛官の人権確立のための取り組みは、自衛隊を、日米軍事一体化で本格的な〝戦地派兵〟をめざす道から、国内外の災害救援など、国民のための非軍事的組織へと改編・転換していくためにも不可欠なものだと確信する。

参考文献

海上自衛艦「さわぎり」の「人権侵害裁判」を支える会『自衛官の人権を求めて――「さわぎり」裁判報告集』同会
三宅勝久『悩める自衛官』花伝社
同『自衛隊員が死んでいく』花伝社
三浦耕喜『兵士を守る――自衛隊に軍事オンブズマンを』作品社
吉田敏浩『人を〝資源〟と呼んでいいのか――「人的資源」の発想の危うさ』現代書館
島袋勉『命の雫』文芸社
山下吏良『海上自衛隊メンタルヘルス奮戦記』講談社

（『長崎消息』（長崎県職員連合労働組合機関誌）二〇〇九年一〇月号掲載文を改稿、元衆議院議員）

3―「さわぎり」人権侵害裁判の支援活動

森良彦

一九九九年一一月八日、海上自衛隊佐世保総監部所属三等海曹Aさんが上官のいじめを苦に護衛艦「さわぎり」艦内で自殺するという事件が発生した。

Aさんは「さわぎり」艦内で上官から長期間にわたり、意図的ないじめ、非人道的命令を継続して受けたことにより精神的に追い詰められ、うつ病を罹患し艦内で自ら生命を絶った。そのいじめとは、新米三曹Aさんに対してまだ教わっていない仕事を皆の前で見せしめ的にやらせる、できないと上官は「お前こんな事もできんのか？　三曹のくせに、お前覚えが悪いな！」「バカかお前は、三曹失格だ！　お前なんか仕事もできんくせにレンジャーなんかに行けるか！」（Aさんは別の特殊部隊を目指していた）と、また質問をしても教えてくれない。習っていないことを次々に質問し、できないと「三曹のくせに」と非人道的な行為が繰り返された。

Aさんは「いくら勉強してもおいつかない」、「明日は何をせめられるかと思うと眠れない。眠れても一、二時間程度だ」「僕は今蛇に睨まれた蛙だよ」と、もらしていた。自殺する二〇日程前には「人からすぐ離れていく、鬱病的感じだった」と同僚が述べており、さらに最後の航海に出る前夜、母に対して、「明日から二十四時間やられる」と訴えていた。自殺する直前、ロープを手にしていたAさんに対して、先輩が「変なことを考えるなよ」と声をかけていた事実もあった。

自衛隊では毎年一〇〇名近くの自殺者がでている。この異常な事態にもかかわらず、これまで遺族のほとんどが泣き寝入りの状態だった。

Aさんの両親は、息子は自衛隊に殺された、裁判を通してその真相を究明したい、両親は無念を晴らすことは当然だが、自衛隊の閉鎖性、しかも密室で事件を処理しようとする体質に風穴をあけ、隊内活動の透明化、隊員の人権確立を図らなければこうした事故は後を断たない、そのためにはドイツや北欧等で定着している軍事オンブズマン制度の創設がどうしても必要だと、立ち上がった。

前例のないこの種の事件での裁判を遺族が、しかも国を相手にしても歯がたたない、多くの人々に理解と協力を得ることなしに目的は達成できないと考え、日頃から平和・人権・環境運動を行っている各県労組会議や平和運動センター九州ブロック会議に支援要請をおこなった。

しかし、これまで反戦・反基地、自衛隊は憲法違反で闘ってきた九州ブロックの運動体として、この支援要請をすんなりとは受け入れなかった。支援にかかわるべきか否か、各県代表により厳しい議論がたたかわされた。その結果、違憲の自衛隊であってもそこで働く者の人権は守られなくてはいけない、自衛官も国民であり我々と同様の人権があるはず、自衛隊という職場における人権を守るという視点で支援していってはどうかで集約された。具体的には裁判支援行動、資金づくりと援助、情報発信、署名活動、支援会員拡大等々を掲げて支援体制を確立した。

裁判は長崎地裁佐世保支部でたたかわれた。四年余りで二二回の弁論が行われ、二〇〇五年六月二七日に一審判決が下された。

判決は、事実関係についてはほとんど原告の主張を認めながら、不適切な発言行為であるが厳しい指導教育の範囲であり、いじめとまでは言いきれず違法・不当ではない、自衛隊員として重要な作業を行う立場にあるため、

福岡高裁で「さわぎり」勝訴（2008年8月25日）

ある程度の厳しい指導教育にさらされるのはやむを得ない、という隊内の事故調査報告書を鵜呑みにした不当判決であった。

もちろん原告は控訴した。福岡高裁では現職自衛官や元自衛官の証人尋問、国が提出を拒んでいた文書提出命令も実現させた。福岡高裁は約三年間の審理を経て一審判決を取り消し、原告勝利の逆転判決を下した。

原告への賠償はもとより、自殺はいじめが原因と認定、安全配慮義務を怠ったことも認め、国家賠償法の責任があるとする画期的とも言える判決であった。ただ原告が主張した自衛隊組織内にいじめの構造が存在することを認めなかったのは残念である。国は上告を断念し、判決が確定した。

毎年一〇〇名近くの自殺者がでる自衛隊に何が起きているのか？外部から遮断されている組織でいじめやいやがらせ等人権を無視した非人間的行為が横行している実態を直視し、第三者による国民監視制度（オンブズマン）を確立することは喫緊の課題と言える。

「さわぎり」裁判を支える会の活動は何もかもが手探りの状態の出発であったため、先の見えない重苦しい雰囲気に包まれていた。

細々とした街頭ビラ配り、街頭でマイクを握って事件の悲惨さを訴えて支援を要請した。裁判傍聴はもとより、報告会での弁護団からの内容の解説と参加者との意見交換は、時間と共に充実さを増し、序々に支援活動に希望が湧き、活気が生まれた。

「さわぎり」に続き、「たちかぜ」、浜松基地、札幌等で次々に事件が表面化してきた。「さわぎり」裁判の行方が後続の裁判にも大きく影響することは間違いない。その責任の重大さをひしひしと感じた。同時に個別にたたかわれているものを点から面へと広げ、互いに連携させる必要性も感じた。

「さわぎり」高裁判決日の二〇〇八年八月二八日に、同種の裁判をたたかっている関係者に参加を呼びかけ、シンポジュウムを開催することにした。それぞれの現状報告、認識の共有、情報提供、自衛隊の動きなどを討議し、連携を強めていくことにした。

支える会は、自衛隊の理不尽な人間軽視の数々を前に、泣き寝入りから脱出し、自衛隊の閉鎖的な、密室で隠蔽する体質に風穴を開けることを目指してきた。「さわぎり」、札幌、浜松の勝利でわずかではあるが、その足がかりができ、光が見える段階に到達したのではないだろうか。継続中の「たちかぜ」、「命の雫」裁判をはじめ、今後の闘いに役立つことを強く期待したい。

（「さわぎり」の人権侵害裁判を支える会）

4—「自殺多発…自衛隊の闇」の取材を通して

大島千佳

私が、自衛隊の〝いじめ自殺訴訟〟の取材を始めたのは、二〇〇九年七月。フリージャーナリストの三宅勝久さんから横浜の「たちかぜ」裁判の話を聞き、傍聴に行ったことがきっかけでした。艦内でのエアガンによる暴行、恐喝という驚くべき事実。さらに、自衛隊内でのいじめによる自殺と、その遺族による訴訟が全国で多発しているという現実を知り、愕然としました。自衛隊の何かがおかしい――。〝自衛隊員の自殺〟という問題に光を当てられないか……。その思いで、「NNNドキュメント」の企画書を書きました。

番組のゴーサインが出ると、三つの裁判の取材に着手しました。既に勝訴が確定していた「さわぎり」裁判、進行中の「たちかぜ」裁判、そして「浜松基地自衛官人権裁判」。視聴者に問題の深刻さを認識してもらうには、これらの事件を〝たまたま乱暴な隊員がいたことにより生じた特殊な事例〟と思われてはいけない。自衛隊組織全体の問題だと感じてもらわなければならない。それが番組を作る意義でした。

自衛隊内のいじめの実態をつかむために、「さわぎり」元隊員Yさんを取材させていただいたとき、こんな話を聞きました。

「自衛隊では『厳しいのが当たり前』という風潮があるんです。だから強く言うのも、指導の一環だと周りは見る。でも実際は違う。ビンタも何回もらったことか。意味のない正座もしました。指導というのは、何でそのミスが悪いのかを教えること。でも自衛隊の場合は『お前はバカだ』これで終わり。ただの侮辱なんです」。「浜松基地自衛官人権裁判」で亡くなったSさんが先輩隊員から受けていた行為も同様のものでした。しかし、自衛隊側の主張は「厳しい指導」。この感覚の違いこそ、自衛隊において是正されなければならない核心なのだと思います。

「いじめ」か「指導」か――。取材を進めるうちに、ある重要な映像が見つかりました。Sさんのご遺族が記録していた、自衛隊側がSさんの死後に宮崎の実家を訪れた時の二日分の映像でした。

一日は、被告Nを含む上官四名が訪れた時。そこには、四人が遺族の前で仏壇に手を合わせ、正座し釈明する姿が、生々しく映し出されていました。N被告は言います。「Sくんに〝厳しい指導〟を続けてしまったことに、申し訳なく思っております」。Sさんの父が「これは指導なのか？　いじめではないのか？」と詰め寄ると、上官は「私にはいじめかどうか、線引きができない。私の経験ではいじめではないと思う……」。自衛隊は、その区別さえつかないのです。

もう一日は、その一週間後、Sさんが所属していた第一術科学校の校長と副校長が訪れた時。反省文について釈明していた際、校長が余談のようにぽろっとこぼした一言で、N被告が後輩隊員にSさんの反省文を読み上げさせた事実が発覚します。その瞬間、Sさんの父にこみ上げてきた怒りは、すさまじいものでした。

「NNNドキュメント」は、もともと三〇分の番組。しかし、この映像は、プロデューサーに「一時間」を決断させる決め手になりました。この問題提起は三〇分ではまとまらない、時間をかけ視聴者に訴えるべきと判断したのです。

Sさんの父にとっては、あまり流したくなかった映像だと思います。また、見る人によっては、「番組が感情的になり過ぎ」と批判される映像でしょう。しかし私たちの意図は、この不条理な現実を、多くの人により強く認識してもらうことでした。

二〇一一年一月、「たちかぜ」裁判第一審判決の四日後に番組を放送しました。

そのとき浜松の裁判は、結審間近でした。放送後の反響は、通常寄せられる数を遥かに超えていました。驚き、怒り、悲しみなどのたくさんの感情。自衛隊に向けた提言。元自衛官や現役自衛官からは、共感や自身の経験など。勇気あるご遺族の訴えが、番組を見た人に届いたと実感しています。

その後、浜松では勝訴確定。北澤防衛大臣は、再発防止を誓いご遺族に謝罪したとのことですが、その後のアクションを監視するのが報道機関の役割です。

自衛官の人権を守るための方策として、「軍事オンブズマン」などの第三者機関の設立が実現されるよう願っています。

（日本テレビ・NNNドキュメント「自殺多発…自衛隊の闇―沈黙を破った遺族の闘い」（二〇一一年一月三〇日放映）制作、ディレクター）

5――札幌・女性自衛官人権裁判の支援活動

七尾寿子

1　一九九〇年代の「フェミニズムと軍隊」

米軍で、前線での戦闘からはずされていることで、兵士として対等に扱われない女性兵士が男性兵士と同様の「殺戮権」を求め、アメリカのフェミニストはそれを支持しているという話が紹介され、論議になったことがあった。戦争も男女共同参画か？　平和主義といっていたフェミニストが戦争に与するのか？　違和感を抱いていたその論議はその後、「慰安婦」問題や沖縄の少女強姦事件等で、軍隊や基地に翻弄される人々の「軍隊の外の女性」の問題として意識されるようになっていった。

しかし、その「フェミニズムと軍隊」の論議が起きた北海道から十数年後、この原告は日本における「軍隊（自衛隊）の中の女性」として自ら人権侵害を訴え、登場してきた。

この出会いと裁判支援によって私たちは自衛隊の女性の状況、自衛官の人権を考えることになった。

2　事件――提訴まで

事件は、二〇〇六年九月、道内の航空自衛隊基地に勤務する女性自衛官が基地内で上官から性的暴行を受けたことからはじまった。一八〇人の隊員のうち女性は五人。二〇歳の原告が最年長で、隊舎三階にある共同の居室で就寝中のところ、夜勤中の加害者が、泥酔の上、内線電話で被害者（原告）を呼び出し、事件を起こした。

部隊の対応は被害者に対する配慮を著しく欠いたものであり、さらに、その後半年以上にわたって退職強要などのパワーハラスメントを受け続けたことに対して約一〇〇〇万円の損害賠償を求め、二〇〇七年五月に国家賠償請求訴訟を提訴した。

性暴力の被害者にまず必要なことは、保護と援助である。しかし当時、真っ先に被害者にされたことは男性上官たちによる事情聴取で、女性の同席はなく、婦人科の受診を求めても、男性上官の同行なしには認められないと言われ、受診を断念した。事件現場で被害者自身に事件を再現させようともしている。また、加害者と顔を合わせることを恐れて「早く転勤させてほしい」と訴え続けたが、同じ隊舎での勤務であった。加害者は転勤が決まっていたが、この事件の懲罰審理のため取りやめたという。そのためハラスメント防止研修を加害者の背中を見続けるというひどい事態のなかで受けるということさえ起きた。実際、加害者の転勤は、提訴から一か月後の第一回口頭弁論の翌日だった。

やがて、食堂での食事時間をずらして会わないようにしてほしいなど被害者として切実な保護の要求に対して、職場の管理者として取るべき保護対応を疎んじたり、原告の方が問題だとばかりに、行動の制限や退職強要へと進む。

「自衛隊では、男と女のどっちをとると思う？　男だよ」「自分のことを被害者だと思っているかも知れないが、おれたちの方が被害者だ」と上官たちに囲まれ、原告は、無理やり有給休暇を取らされた。鉛筆の下書きがされた退職願、これからの将来を考えるというメモを持たされ、「いいか、退職に同意するというお母さんの承諾書もらって来いよ」と言われて。

3　提訴——支援活動

はじめて弁護士を訪れ、相談したのは、基地に戻る前日だった。心配した父親が知り合いの弁護士に相談したところ、自衛隊人権一一〇番に関わっているという事で佐藤博文弁護士を紹介されたのだ。「もちろん退職しても裁判は起こせるよ。ぼくにも君と同じ娘がいるから、勤務しながら裁判とはとても言えない。でも、君が辞めなくてはならない理由は何もないんだけどね」。

この言葉で「基地の対応こそが間違っている。私は、悪くない」と確信、このまま自立して働き続けたい、通信大学も続けたいと、現職のまま提訴することを決意した。「自衛隊以外の社会生活を知らず、辞められないと思った」「この出会いは暗闇の中の一条の光だった」と原告は振り返る。

提訴の翌日から、勤務を一人、物置のような小部屋に替われという恫喝が起きた。私たちは、急きょ、支援する会を立ち上げて基地に申し入れに行ったが、自衛隊は面談の約束を反故にして基地に入れず、以降一度も受け入れられなかった。年に一度、地域住民の山菜採りに開放されている基地開放日もその年は中止された。それでも、隔絶感をなくそうと、原告宛てに励ましのＦＡＸを入れたり、小包を送ったりした。

基地は弁護士や支援する会との電話の応対などの接触も極端にいやがった。わたしもいやだった。話すのは直接の年若い上官だが話していると受話器をオープンにしてまわりで人が聞いている気配がする。返答の間の空き方も内容も変だった。そのときは基地司令につながれたことは一度もなかった。その後、裁判の対応のための人事で来たという基地司令と上官の対応は、見事に冷徹だった。電話で話していてもガチャンと切る。弁護士もそうされたと言う。原告の日々の緊張が思いやられた。

・オレンジプロジェクト

第一回の口頭弁論で原告陳述の際に要請した衝立が裁判所に認められなかった。「でも、だいじょうぶ。傍聴席のわたしたちはあなたを応援しているから安心して意見陳述していいよ」という意味で原告が好きだというオレンジ色のグッズを身につけようということになった。何人かには香りもして落ち着くからとミカンを持ってもらって入廷したところ、裁判所からやめてくれと言われた。「生ものはだめなんだよ」と弁護士は言ったが、実は「投げ込まれては困る」とのことだった。

弁護団もオレンジのネクタイやスーツのインナー、事務員さん手作りのコサージュや書面を包むふろしきまで出てきた。シーズンになると毎年、水俣から支援者がミカンを送ってくれたり、沖縄からサーターアンダギーやバナナを送ってもらったりした。判決のときには、オレンジ色の花束が贈られてきた。

・プロテクトJ

もうひとつ、こちらは表立てずに進めたが、裁判の時の原告のガードも手配した。裁判が終わって、原告がひとり、基地に戻ると思うと切ない。運転手とつきそいを若い人にお願いした。なぜか基地の官舎の玄関まで行けたので、そのことは触れずにいたのだが、三回目に基地に分かってだめになってしまった。

・支援で心がけたこと

支援にあたっては、原告を反自衛隊のヒロインにしないで、女性の人権、性の尊厳を中心に据えて闘おうと考えた。まず、カウンセラーをお願いした。原告が気安いように若い女性にも支援要請の声をかけたが、支援する会には党派や宗派を超えて参加があった。「わたしたちは、あなた（原告）自身を支援する。だから、いつ、裁判をやめてもいいよ」という姿勢でいた。

でも自衛隊イラク派兵差し止め訴訟にかかわった弁護士と原告が支援者にいて、若い原告にとっては怪しいこと この上ないだろう。そこで、ここは人としてつきあって信頼してもらえるようにと、一泊旅行やクリスマス料理会、バースデイパーティーなどを実施した。

また、法廷の中だけに裁判の闘いをとどめないようにしようとも考えた。原告や基地の匿名性は守るが、この裁判を広く知ってもらいたい。そこで、弁護士の出張の予定を教えてもらい、つてを頼ってその街で集会を開いてもらった。道内だけでなく、青森、東京、広島、名古屋などでも開催してもらった。国会で女性議員を中心に原告も出席した超党派の学習会、札幌でも道議会、市議会の女性議員を中心に学習会が開催された。

・裁判の波紋

「女性自衛官の人権裁判」を支援すると言っても、軍隊を補完し働きやすくすることにならないか？　それは、戦争や軍隊に反対してきた活動に相反するのではないか？

また、自衛隊なんて男中心でセクハラは当たり前、訴えてもしょうがない……。

当初、出された批判や一部の冷淡な反応も、原告が自衛隊の中でのパワーハラスメントを生身の人間として訴え、過酷にたたかう姿で、人々の目線を変えていった。女性自衛官が有事の際の戦闘力としては二流と差別され、かたや女性性を要求されるダブルスタンダードとして位置づける自衛隊の構造を明らかにし、そこにいる自衛官一人ひとりの人権を尊重するとはどういうことかを、深く問いかけた。

防衛省が実施したセクハラ調査によれば、一九九八年時には「性的関係を強要された」女性隊員が一八・七％、「わざとさわられた」隊員が五九・八％もあった。これが、裁判提訴後の二〇〇七年八月の調査では、前者が三・四％に、後者が二〇・三％に激減したが、それでも驚くべき高率である。正確な調査かどうか疑わしいが、それでも本件裁判を通じて、改善されてきていることは事実である。

原告も、弁護団も支援する会も「裁判をやめよう、やめたい」と言いだしたことがある。トラウマを抱えて性暴力の実態が語れない原告。このままでは続けられない、原告のためになるのか？　という弁護団。もう止めたいと苦しんだ原告だが、「ここで止めたらわたしの訴えたことがなくなって加害者や上官の言い分が通ってしまう、それはいやだ。それに今、悩んでいる人も声を上げられなくなる」とがんばった。弁護団も、原告の「被害者の深層にある真理」を受け止めて辛抱強く寄り添った。

・「不起訴」になった刑事訴訟

この民事訴訟のほかに札幌地検に刑事訴訟を提訴したが、二〇〇七年一二月に不起訴となり、さらに二〇〇八年九月に検察審査会で「不起訴処分相当」と議決された。

弁護団は、原告陳述の変遷を指摘する議決要旨に対し、被害者心理の分析と警務隊の取り調べの不当さ、ずさんさをつく緻密な反論を準備書面で展開した。今回の民事訴訟判決にはそれが反映された。

4　継続任用拒否

裁判中に二度目の任用継続更新があったのだが、原告の再任用志願は拒否された。国会議員を通して明らかにされた数であるが、これまで再任用を志願したのに認められなかったのは、過去五年間で、陸自ではゼロ、海自では三年前からひとりずつ昨年は四人、空自は一人だけである。今回の扱いがいかに異例であるかがよくわかる。弁護団はただちに、①任用拒絶理由の開示と弁明の機会保障、②任用継続拒否の通知の撤回を要求して、基地司令と航空幕僚長に面談を求めたが返答はなかった。

・当該の基地に大量処分

当該の基地に対して飲酒に関わる大量の処分が発表され、加害者は、夜間勤務中の飲酒、女性隊員を勤務場所に呼び出し性的な行為を行うなどの規律違反で停職六〇日。司令ら三名に監督不行き届きで減給など。飲酒で戒告、訓戒（原告を含む）、注意で五〇名。上司も訓戒など五名という数で、一八〇名の基地の三分の一に及んだ。

原告の懲罰について、審理を加害者同席で行うことは拒否した。加害者の転勤先の基地まで出向いて対面の上、質疑応答させようという審理の設定自体、信じられないものだった。自衛官から選任するという弁護人ではなく、弁護士の同席を求めたが拒否され、審理のないまま、酒席に「同席した」という規律違反で訓戒処分が出された。

懲罰審理の際、弁護人はなぜ自衛官しか認められないのか？　ここにも自衛隊の壁があるとし、弁護士は防衛省への申し入れを準備したが、振り切られた。

・防衛省交渉、国会答弁

こうした事態を受け、超党派の国会議員一一名（抗議、要請には三〇名が賛同）と、弁護団、支援の会が防衛省への申し入れを行った。防衛省側も、人事教育局長以下、十数名が並んだ。

議員は「政府の解雇権乱用だ！」「人事教育部長として事前に指導したことはあるのか」「公務員の人事基準から見ても遅れている」「自衛隊は異常な集団とみなされる」と詰め、弁護士も空自の「継続任用不適格者基準」のどれに当てはまるのか、裁判中であるとしか推察されない、それは、憲法三二条の裁判を受ける権利の重大な侵害である、と詰めよった。

これに対して防衛省は、「理由は、裁判ではない。個人情報で開示できない」「解雇権は専権、撤回はない」「不服申し立ての機関はない、弁明も聞かない」と繰り返すのみだった。

その後、参議院外交防衛委員会でこの問題が取り上げられたが、継続任用拒否の理由の明示の要請に対し、人事教育局長は、交渉時と同様に、「継続任用というのはあくまでも任命権者の裁量行為であって継続することが義務ではない。継続任用しなかった場合には、その理由を示す必要はない」「継続を拒否したというか、満期に際して、いろんな制度の下で厳正に判断し、結論を出したものであると報告を受けている。これを私が撤回することはない。今回の判断に関して間違いがないと考えている」と答えた。

とうとう原告は退官した。退職辞令は受け取りを拒否したが、郵送されて来た。後日、開示請求して送られてきた書面は真っ黒だった。それを見ると理不尽さがこみ上げるのだが、原告はこれ以上の裁判は負担で無理だと判断して、この件の提訴は断念した。

この後、原告は、準備書面つくりに集中する時間がほしいという弁護団の要請を受け、次回口頭弁論までの二か月、再就職さがしを休んだ。その時間が良かったと思う。弁護士との個別の面談、弁護団会議と続いてたいへんではあったが、基地の緊張から解放されて表情が穏やかになった。その後支援者から紹介された職場で「同僚にふつうに接してもらって安心して」働くことができた。

5 本人尋問そして勝訴

性暴力の状況を語れずに混乱する原告に「あなたの『真実』で闘いましょう。これほど強いものはないんだよ」と言ったカウンセラーの励まし。東京から駆けつけてくれた支援者の、核心を逃さない対話。轭が少しずつはずれ、弁護団は原告に寄り添って辛抱強く聞き取りを重ね、その結果が本人尋問での揺るがない証言につながった。

証言時、小さい法廷での衝立を裁判官は「当然でしょう」と認めた。通常は前に座る司法修習生も、被告席の自衛隊関係者も傍聴席に移るよう指示され、SANE（性暴力被害者支援看護職）でもあるカウンセラーが原告の体調を見守る中で行われた。

裁判官は三度交代した。はじめは裁判官ひとりだったが、事件の難しさを訴えて裁判官は三人となり、その後転勤で三人とも代わった。この裁判長は交代直後からてきぱきと適切な訴訟指揮をとった。弁論更新の時には今までの分厚くなった準備書面をすでに読み込んでいて、争点整理を提起した。争点は、①性暴力はあったか、②被害者として的確な保護の対応はとられたか、③退職強要はされたか、の三点に絞られた。

その後の進行協議も通常は非公開のところ、裁判長が傍聴を許可したので、弁護団の詰めのすごさも見た。基地内事件現場の写真を証拠として要求し、原告の「こんな感じじゃない、違うんです」というもどかしさを受け止めて、再度の写真要請をおこない、とうとう基地での進行協議（現場検証）を実現させた。

事件現場の事務室の密室性を実感し、「いっしょに煙突にのぼって花火をした」という煙突にも上った。弁護士は軍手を差し出して裁判官に「私ものぼりますから」と促して裁判長が応じた。合意のもとの性行為であったと主張されたひとつの争点だった花火だ。その煙突の高さを実感したと言う。暗闇でのぼるこわさと警備に咎められたらという困惑。決して楽しんだのではなく、加害者に何を言っても聞き入れられず、逆らえないという原告の心理が見えた。

ここで、最終準備書面の「結語」を引用したい。この部分を担当した秀嶋ゆかり弁護士は「性行為については、明示的な合意がなければ、それは強要であり、セクシュアル・ハラスメントであり、強制わいせつないしは強姦罪にあたる」と言い切った。

この文章は、原告のみならず、多くの性暴力被害者への正義の励ましと現行法の不備、司法の姿勢を指摘して圧巻である。

被告は、最終準備書面においても、合意に基づく性行為であり強制はなかったとの主張を繰り返し行っている。

被告の主張によれば、被害者が「嫌だ」と言ったり最大限抵抗したことが客観証拠により裏付けられない限りは、「合意による性行為」があったというべきことになるが、その経験則が今日では誤りと認められていることは、この二〇年近くの間、行きつ戻りつしながらも蓄積されてきたセクシュアル・ハラスメント等に関する様々な裁判例に照らし、明らかである。加害者は、「何となく触ってしまいました」「魔が差しました」などと証言していたが、性行為については、明示的な合意がなければ、それは強要であり、セクシュアル・ハラスメントであり、強制わいせつないしは強姦罪にあたる。その当たり前の経験則を、被告自身も共有する日が到来して欲しいと重ねて強く願う。

本件は、基地内において、被告（国）が有するセクシュアル・ハラスメント防止規定等が現実には機能しなかった中で発生したことが明らかである。そればかりか、同基地では、職場規律の基本的な部分がまもられていない中で発生している。このため、原告が被った被害は、より一層深刻なものとなったのみならず、事後の被告の対応も「違法行為のデパート」とも言うべき違法行為の連続となり、原告は、性的自己決定権

札幌女性自衛官裁判勝訴（2010 年 7 月 29 日）

札幌女性自衛官裁判報告集会（2010 年 7 月 29 日）

のみならず、安心して働く権利を根こそぎ剥奪されたと言わざるを得ない状況に陥った。

本件で原告が被った被害の深刻さは、職場内での職務時間中の飲酒、事務室内における勤務時間中の「性暴力」という客観的な事実のみからも端的に推認できる。

「一般的な」職場では到底あり得ない違法行為が、「精強」を旨とする自衛隊内で生じ、さらに、基地の職住一体という状況が、原告のダメージを一層深めている。

しかも、加害者に対する処分は、セクシュアル・ハラスメント行為以前の著しい規律違反があったにも拘わらず、事件発生から実に二年七か月も経過してからなされたうえ、処分内容も、民間企業で同じ事件が生じたと仮定した場合に比べて著しく軽いものであった。

加害者は、今回の処分内容について、殆ど無自覚であったことを露呈する証言を本法廷でも行った。これは、とりもなおさず、加害者が、残念ながら本件の人権侵害性を証言した時でさえ自覚していなかったことを裏付ける結果となった。

そして、このことは、加害者個人の責任の重大性と併せて、被告の組織としての責任が極めて重いことを端的に示すものである。

裁判所が、これ以上の犠牲者を生みださないための更なる大きな一歩となる判断をするよう重ねて求め、最終弁論を結ぶ次第である。


そして、二〇一〇年七月二九日、提訴から三年三か月、全面勝訴という判決を手にしたのだった。

控訴期限までの二週間、全国から国に宛てて控訴断念の要請の声が寄せられ、国会議員の同行で、原告は防衛事務次官に面談して思いを訴えることができた。そして控訴期限の八月一二日、国は「本件判決は国の主張が理解を得られなかったが、原告の心情などを総合的に勘案し、司法の判断を受け入れることとした」とし、控訴を断念した。

6　画期的な判決

この判決は、性暴力について、「合意の上だった」と言う加害者の主張を退け、勤務時間内に、「隊内の序列が厳格である階級の上下関係を利用し、周囲から隔絶された部屋で女性の抵抗を抑圧した」うえの性暴力と認定した。「あらゆる点で被害者より上位者である加害者に逆らう事ができない心情に陥ることが不自然ではない」と被害者の心情に添った言葉もあった。

事情聴取が男性の上官や警務隊でされたことも、「性暴力の被害者は、心理的抵抗が極めて強く、共感をもって注意深く言い分に耳を傾けないと、冷静に性的暴行を思い出したり記憶を言葉で説明できなかったり、もっとも恥ずかしい事実を伏せた説明をしてしまうことはままある」と指摘している。

上司らの事後対応については、原告に対して適切な保護、援助の措置を取らなかったこと、被害を訴えた原告を退職に追い込もうとしたことを、違法な処遇と断罪した。

職場の監督者は、①被害職員が心身の被害を回復できるよう配慮すべき「被害配慮義務」、②加害行為によって被害職員の勤務環境が不快となっている状態を改善する「環境調整義務」、③性的被害を訴える者がしばしば職場の厄介者として疎んじられさまざまな不利益を受けることを防止すべき「不利益防止義務」を負うとし、事件後の配慮義務についての積極的かつ具体的な判断基準を示した。

慰謝料五八〇万円は、性暴力二〇〇万円、その後の保護・援助の不作為三〇〇万円、弁護士費用八〇万円としているが、性暴力後の対応に多額の慰謝料を認めたことは、性被害の実態の捉え方（二次、三次被害の苦しみの大きさ）、被害者の所属する組織の責任の重大さを示している。

7　性暴力被害防止と救援のための実効性ある措置を！

この裁判を続けるうちにこの事件は氷山の一角だと実感した。自衛隊の存在の是非に関わる思いは様々だが、自衛官二五万人、うち女性自衛官約一万二〇〇〇人、その一人ひとりの人権保護は大きな課題だ。

そして、自衛隊でも、一般の社会でも、性暴力被害防止のための教育システムと救援のための性暴力被害者が駆け込めるワンストップ支援センターが自衛隊でも連携され、機能していくことが求められる。また、第三者機関としての自衛隊オンブズマンのような仕組みが必要だと思う。

（女性自衛官の人権裁判を支援する会会員）

6 自衛官―市民ホットラインの経験から

木元茂夫

1 海外派兵の二〇年

横須賀の長浦港、自衛艦隊司令部の前に全国から集結した掃海艇が勢ぞろいしていた。一九九一年四月のペルシァ湾への掃海部隊派遣から早いもので二〇年。一〇月二〇日に記念式典が横須賀で行われるための全国動員であった。私にとっては、掃海部隊の水中処分員たちは、東日本大震災後、七月までの長期間、行方不明者と遺体の捜索を続けたことの方が記憶に生々しい。水中に眠る遺体の捜索は、つらい作業である。私事であるが、母親を亡くして六年が経過した。痩せ衰えた遺体と向き合いながら、遺体はおろか髪の毛一本も帰って来ないままに、国が遺族に死を受入れることを迫った戦争というものの残酷さが、はじめてわかったような気がした。震災の被災地ではいまなお還らぬ家族を探し続けている人がいる。そうしなければ自分の気持ちに区切りがつけられないのであろう。捜索に関わった自衛官はいまどんな思いを抱えているのだろうか。四月から五月にかけて過労から、三名の自衛官が死亡し、被災地から引き上げてしばらくたった一〇月になって部隊の指揮を執った幹部自衛官二名が自殺した。被災地で活動した看護師の多くがＰＴＳＤ（心的外傷後ストレス障害）を発症しているとの報道もあり、自衛隊の中からも患者は出ていると推測されるか、そうしたデータは公表されていない。

全国から横須賀に集結した掃海艇

集結した掃海艇を見ながら、この二〇年間のさまざまな光景が思い起こされた。自衛隊は、国連平和維持活動（ＰＫＯ）と米軍の軍事行動の輸送支援という二つの枠組みの中で、海外派兵を積み重ねてきた。派兵はカンボジア、モザンビーク、ゴラン高原、東チモール、そして、インド洋、ソマリアへと続いた。

自衛隊はそれなりの経験を重ねる一方で、マイナスというべき現象も顕在化させた。二〇〇四年に自殺者が年一〇〇名を超えたことがその最たるものである。私的制裁やイジメの横行、借財をもつ隊員の増大、事態はかなり深刻である。

日常業務がのんびりとしていた時代、隊員相互のあつれきもそう深刻ではなかったと思われる。一九九〇年代前半まで、海上自衛隊の海外出動と言えば、二年に一度、ハワイで行われる環太平洋合同軍事演習（リムパック）くらいであった。しかし、日米合同のあるいは多国間の訓練が追加されていく中で、業務は多忙を極めるようになり、ストレスは深刻なものとなった。自衛官からの相談内容も、私たちに接する自衛官の対応も変わっていった。その流れを整理してみたい。

私は横須賀の仲間とともに、一九九二年のカンボジアＰＫＯの時から、「自衛官—市民ホットライン」という、自衛官向けの電話相談窓口を開設してきた。自衛官からも、家族からも電話がかかってきた。相談内容は、「カンボジアの治安は」「自衛隊にできることはあるのだろうか」であった。「自衛隊に反対のあなたたちが、何故こうした活動をやっているのですか」という問いかけもあった。

私たちは、自衛官に人を傷つけて欲しくない、傷ついて欲しくないという思いから、自衛官―市民ホットラインを開設した。さらに、自衛官が人権を抑圧され、不当な命令に服従させられてはならない、そんな命令に直面した自衛官の相談に乗りたいと切実に思ったのである。自らの命がかかる、正しさも道義性も感じられない命令を上官から強要される時、それに抵抗する隊員が少なからず出てくるだろうという確信もあった。

その後、北朝鮮の核開発疑惑から日米政府間で軍事協力の強化が検討され、一九九六年、日米安保共同宣言、日米新ガイドラインの締結へと進んでいった。そして、一九九九年は自衛隊にとって歴史を画する年となった。この年の三月、日本周辺の海上で行動していた北朝鮮の工作船の追尾に海上自衛隊が出動、海上警備行動が発令され、イージス艦「みょうこう」の一二七ミリ砲による威嚇射撃、P―3C哨戒機による爆雷投下が実行された。戦後はじめての事態である。総監部への申し入れの時、自衛隊は門を堅く閉ざし、対応した自衛官はほとんど口を開かなかった。小渕政権は五月には周辺事態法を成立させた。この時期、自衛官からの相談はない。それどころか、「いよいよ俺たちの出番が来た」という隊員の声を知人から聞いた。私たちの危機感は高まった。

同法の第七条には「後方地域捜索救助活動の実施等」という条文がある。戦争に出動した米兵が遭難した場合に、自衛隊が捜索救助をするということだ。航空自衛隊に航空救難団という部隊がある。そもそもは遭難した自衛隊員の救助を任務としているが、実際にはそうした事故は数少ないので、海難事故や山岳遭難に出動することを主任務としている。一〇個の救難団（千歳、秋田、松島、新潟、小松、百里、浜松、芦屋、新田原、那覇）が設置されているが、東日本大震災ではその半数が出動、三四〇〇名を救助した。

テレビで救出シーンを見ていて、ヘリコプターからロープを使った懸垂降下、着水と同時に泳ぎ出し、遭難した小さな漁船に到達するまで一分もかからなかった。その錬度の高さに驚かされた。周辺事態法が発動されれば米兵の救助に出動するのはこの部隊なのだろう、そう気が付いた。彼ら、彼女らを戦争に動員させるようなことがあってはならない、そんなことは許さない、と無性に思った。

2　テロ対策特措法からイラク特措法へ――「できれば行きたくありません。でも、命令があれば」

二〇〇一年のニューヨークで九月一一日事件が起きると、小泉政権は一〇月五日に、海上自衛隊の給油活動を可能にするテロ対策特措法を国会に提出、わずかな審議時間で同月二九日には成立させてしまった。この強引なやり方は、全国の自衛官に深刻な動揺をもたらした。自衛隊を退職してマスコミのインタビューに、「戦争をやるために自衛隊に入ったのではない」と答えた隊員もいた。横須賀の駅頭でビラをまくと、何人もの隊員が受け取った。普段は受け取らないし、上官が回収したこともあったが、この時は隊員の意識が大きく変化したのを肌身で感じた。

インド洋への派兵がはじまった。掃海母艦「うらが」が一一月にパキスタンに毛布などの救援物資を運ぶために横須賀を出港。ペルシァ湾に出動した「はやせ」の倍以上の大きさの掃海母艦だ。翌年二月には、軍事用のタンカーである補給艦「ときわ」が横須賀を出港した、私たちは平和船団を出して隊員に声の届く海上から、何度も何度も訴えた。訴えに自衛官からの直接の応えはなかった。しかし、現場では多くの自衛官が苦悩していた。NHKの「クローズアップ現代」（二〇〇二年四月四日放送）で、現地を視察した自衛艦隊司令官が、「各艦みんな同じことを言うんですが、なんでそんな雰囲気に全体がなっているのか不思議。悪いことをやっているんじゃないんだから、自信をもってやってくださいよ」と指導する。答える幹部は誰もいない、出席者一同無言である。この映像には驚いた。

横須賀地方総監部に申し入れに行くと、担当の自衛官が出てきて話ができるようになった。「あなた自身はインド洋に行きたいですか」と訊ねると、「できれば行きたくありません。でも、命令があれば」という答えが返ってきた。

自衛官は入隊時に以下の宣誓文に署名捺印することを義務付けられている。「私は、我が国の平和と独立を守る自衛隊の使命を自覚し、日本国憲法及び法令を遵守し、一致団結、厳正な規律を保持し、常に徳操を養い、人格を尊重し、心身を鍛え、技能を磨き、政治的活動に関与せず、強い責任感をもつて専心職務の遂行に当たり、事に臨んでは危険を顧みず、身をもつて責務の完遂に務め、もって国民の負託にこたえることを誓います」。

しかし、自衛官も生身の人間であれば、法律で定めればどんな任務にも無条件に邁進するわけではない。防衛省用語で言う「補職替」、配転を願い出た隊員はかなりの数にのぼっていた。国会で今川正美議員の質問に対して「御家族の事情等を理由といたします。本人の異動希望を把握し、かかる点もしんしゃくした上で派遣前に補職がえを行った者は、現在私ども掌握している限りでは約六〇名でございまして、これまでにインド洋に派遣されました延べ人員は、……約五四三〇名であると承知しております」と答弁している。その後、配転となった隊員の数は残念ながら明らかではない。

確信の持てない任務を強要し続ければ、規律も団結も崩壊する。五味川純平は関東軍の兵士であった自らの体験（一九四三年〜四五年）に基づいた小説『人間の条件』の中で、上官に銃を向けるシーンを描いている。

「『初年兵！　責任は俺が取る！　構えッツ！』数十人の男達の、足と腕、銃が一斉に動いた。一瞬のうちに、奴隷の集団は、いまにも火を吐く銃口の襖となった。……『明日は戦闘なんだからよ、梶上等兵、みんな心を合わせて闘わなくちゃならんのだからよ。そうムキにならんでくれ』……」、兵と下士官の間の緊張がリアルに描かれている。対立の原因は、下士官が甘味品を不公平に分配したことであった。極限状況下では、ささいな事か

イージス艦きりしま出港を見送る家族

ら深刻な対立が起きる。

自衛隊は創設以来、隊員が何十人も死亡するような戦闘はやったことがない。憲法九条によってその行動は制約され、先人たちが平和外交を続け、そうした状況に陥るのを回避する努力を続けてきたからである。

それでも、射撃訓練中に上官・同僚に向けて小銃を乱射する事件が一度、起きている。一九八四年のことである。以来、自衛隊は射撃訓練には極めて慎重であるという。最近では二〇〇八年に掃海母艦「うらが」で、若い自衛官が上官のペットボトルに強アルカリ物質を入れるという事件が起きている。幸い濃度が低かったためか死傷者が出ることはなかったが、自衛隊という閉鎖社会の中で増大するストレスは、思わぬ形で噴出する。

二〇〇二年一二月、イージス艦がはじめてインド洋に出動することになった。選ばれたのは横須賀を定系港とする「きりしま」だった。早朝からヨコスカ平和船団とピースリンク広島・呉・岩国の仲間とともに、横須賀軍港の海上で抗議行動を行った。高性能レーダーによる桁外れの情報収集能力をフルに使ってアメリカ海軍に情報提供するのではないかと危惧された。アメリカ海軍はこの日、「ご武運をお祈りします」という日本語の横幕をイージス艦ジョン・S・マケインに掲げて、「きりしま」を見送った。「武運長久」と書かれた日の丸を持って兵士が「出征」したのは日中戦争からアジア太平洋戦争の時期であるが、二一世紀の横須賀で、こんな光景をみるとは思わなかった。

しかし、それよりもショックだったのは、「きりしま」の出動した後、吉倉桟橋で見送る家族の姿だった。「日の丸」を打ち振って勇ましく送るというものとはほど遠かった。緊張と悲しみをたたえた顔がならんでいた。涙をハンカチで拭っている人もいた。自衛官の家族一人一人とはじめて向き合った瞬間だった。

その後も、申し入れに行くたびに家族の姿を目にするようになった。インド洋への派遣期間は五か月から六か月と長かった。出動していない隊員からも、「当直が増えて、家族と過ごす時間があまりない」との相談が寄せられた。

二〇〇三年三月二〇日、アメリカがイラクに攻撃をしかけ戦争がはじまると、小泉内閣はこれまた短時間の審議で、「イラクにおける人道復興支援活動及び安全確保支援活動の実施に関する特別措置法」(イラク特措法)を成立させ、同年一二月から二〇〇六年まで陸上自衛隊をイラクに派遣し続けた。航空自衛隊のC一三〇輸送機は、二〇〇八年まで派遣され続けた。海上自衛隊はインド洋での給油活動をテロ対策特措法が失効した二〇一〇年一月をもって打ち切った。

イラク特措法は、自衛官とその家族の不安を拡大させた。国会でこの法律が審議されている時に、私たちが隊員と家族に対しておこなったアンケート調査では「海外派遣反対」との意見が書かれて帰って来た。まったく意外だった。「有事法制やイラク新法の論議で、自衛官の気持ちや現場の事情が考慮されていると思いますか」という質問には、「充分に考慮されているとはいえない」五人、「全く考慮されているとはいえない」四人であった。返って来たアンケート用紙が二一通、回答が一二人というささやかな試みではあるが、そのもつ意味は大きいと自負している。法律ができれば隊員個々の意志の表明は封じ込められる。防衛省・自衛隊は、派遣の中で起こった事件さえ隠し続け、公表しないことを当然と考えている。隊員の本音を伝えていく回路を作っていきたいと思っている。

インド洋とイラクへの派兵で、少なくも三五名の自衛官が亡くなった。衝撃的な数だった。照屋寛徳議員が二〇〇七年一一月に質問主意書を提出した。その回答は、「テロ対策特措法又はイラク特措法に基づき派遣された隊員のうち在職中に死亡した隊員は、陸上自衛隊が一四人、海上自衛隊が二〇人、航空自衛隊が一人である。そのうち、死因が自殺の者は陸上自衛隊が七人、海上自衛隊が八人、航空自衛隊が一人、病死の者は陸上自衛隊が一人、海上自衛隊が六人、航空自衛隊が〇人、死因が事故又は不明の者は陸上自衛隊が六人、海上自衛隊が六人、航空自衛隊が〇人」である。また、「防衛省として、お尋ねの『退職した後に、精神疾患になった者や、自殺した隊員の数』については把握していない」とのことだった。これは二〇〇七年一〇月時点の集計であるから、その後、出たであろう死者は含まれていない。

自衛隊が作戦行動の中で、これだけの死者を出したのも、戦後はじめてのことである。

3　自衛官への呼びかけを

インド洋とイラクへの派兵は終結した。しかし、海賊対処を名目に自衛隊はソマリア沖、あるいはジブチに設置された基地へと派遣され続けている。紅海入口のアデン湾での海賊被害は確かに減少したが、アデン湾以外での海賊被害はかえって増大している。スエズ運河の通行料が平均二〇〇〇万円近くもする（総トン数で異なる）ために、喜望峰回りの航路をとる船が増えていることも、被害拡大の原因のようだ。軍艦派遣という対処療法が解決策として主張されてきたが、ソマリアの安定という困難な課題に挑戦しないかぎり、事態の根本的解決にはならないことは、明らかであろう。

自衛隊の派遣も三年、五年と長期化していけば、次第に隊員の疲労とストレスは増大し、インド洋派兵と同様の事態を引き起こす。スーダンＰＫＯへの派兵もはじまろうとしている。「紛争当事者間の合意」という参加の原則をないがしろにしたり、武器使用基準を緩和させようという意見が聞こえてくる。

しかし、対テロ戦争の一〇年は、戦争や軍事力の行使が、事態の解決にはならず、いたずらに犠牲者を拡大していくだけであることを証明した。

アメリカで「反戦イラク帰還兵の会」が結成されたのは二〇〇四年七月。開戦からわずか一年四か月後のことである。要求は①イラクから全占領軍を撤退させる、②イラクが被った人的および物理的損害に対する賠償、イラク国民が自らの生活と未来について意思決定できるように、企業によるイラク収奪を止める、③すべての帰還兵に対する完全な給付、充分な医療（精神衛生を含む）他の支援を行う、である。

退役軍人省の予算をブッシュ政権が削ったために、負傷して帰国した兵士が治療・補償を求めても半年から一年近くもかかるという現実がある。オバマ政権になって改善されたが、イラクとアフガニスタンで六〇〇〇名近い死者を出した米軍兵士の事情は相当に深刻である。

話を自衛隊にもどせば、私たちに寄せられる相談も、隊内での暴行事件に関するものが増えてきた。これまで泣き寝入りをしてきた人々も、自衛隊をめぐるいくつもの裁判で原告の勝訴が続く中、声をあげはじめた。裁判所の認識も、世論も、少しずつ変わり始めている。

息子さんが自殺に追い込まれた家族の方と、さまざまなお話をする中で、その精神的な打撃の深さを、何度も感じさせられた。自衛官の人権を訴え、人権を守ることの大切さを、これからも訴えていきたい。

（「たちかぜ」裁判事務局）

おわりに

二〇〇〇年以降の自衛官の自殺者をみると、一年で七〇人から一〇〇人の数で推移し、一〇年で八〇〇人近くが自殺していることがわかる。その多くの原因は「不明」とされ、真相が闇に隠されている。尊厳が奪われたままの青年は数多いのである。

そうした中で、自殺だけでなく、上官によるセクハラ、暴行傷害、「訓練」中の死亡、過労死等をめぐる様々な事件が起き、これに対する裁判等が提起されている。この本の第1部、第2部で取り上げた五件の事件のほか、私たちが知りえている限りでの事件や裁判は、以下のとおりである。

二〇〇八年七月には静岡地裁浜松支部で、石川県の航空自衛隊小松基地でおきた暴行・傷害事件での損害賠償を求める裁判がはじまった。被害者は、酒に酔った上司からひどい暴行を受け、左眼を失明している。この裁判では、二〇一一年三月、国（自衛隊）及び加害隊員らが合わせて四三六〇万円を支払うことでの和解が成立し解決した。このような被害状況は氷山の一角である。

二〇〇八年九月には、広島県の海上自衛隊第一術科学校（江田島）における格闘訓練での集団暴行によって二五歳の自衛官が死亡した。この事件は特殊部隊の養成課程を中途で離脱する隊員に対して起きた。遺族に対しては、一五人相手の格闘訓練がなされ、それは異動の際の「はなむけ」であったと説明されている。この被害者の遺族は提訴することになり、二〇一〇年五月には松山地裁で第一回の口頭弁論がもたれた。

二〇〇八年九月には、浜松基地の第一術科学校長（空将補）が部下の隊員からセクハラを訴えられて解任されるという事件が起きた。この校長の前任は北部方面隊司令部幕僚長であった。当時北部方面隊では、二〇〇六年に北海道の基地で女性自衛官がセクハラを受け、さらに退職を強要される事件が起きていた。この女性自衛官の人権裁判は二〇〇七年五月に札幌地裁に提訴され、二〇一〇年七月に原告が勝訴した。国は控訴を断念し、この判決は確定した。

二〇一〇年一〇月には仙台高裁で陸上自衛隊反町分屯地の自衛官の過労死裁判の判決があり、原告が逆転勝訴した。仙台高裁は国に約二九三五万円の支払いを命じた。二〇一〇年一二月には、陸自松本駐屯地の隊員が御殿場の板妻での訓練中に倒れて死亡した事件に対しての公務災害が認定された。事件は二〇〇五年一一月に起きている。それに対し、自衛隊側が公務災害を認定しなかったため、遺族が二〇〇八年二月に再審査を求めていたものである。

二〇一一年四月には大阪地裁で、陸上自衛隊第三七普通科連隊（大阪・和泉市）での暴行事件訴訟の和解が成立した。この事件は、二〇〇八年のレンジャー訓練で教官から殴られ、両目の視力が低下、右目はほとんど見えなくなったとし、二〇〇九年八月に約五二〇〇万円の損害賠償を求めて提訴したものである。教官の一等陸曹は二〇〇八年一二月に罰金四〇万円の略式命令を受け、二〇一一年に停職七日の懲戒処分を受けた。和解額は請求額の九割にあたる約四八〇〇万円である。

二〇一一年八月二五日には仙台地裁で、陸上自衛隊東北方面通信群所属の自衛官いじめ自殺事件で和解が成立した。国・自衛隊側は和解に先立って、隊内でのいじめを認めて両親に謝罪し、具体的な再発防止策の実施も約束し、そのうえで賠償金を支払うことになった。

このように、自衛官の人権裁判は全国各地で起こされている。無念を晴らしたいという思いとともに、再発防止を求めての自衛隊内の人権確立を求める声も強まっている。ひとつひとつの裁判に勝利するとともに、人権保障のための制度の確立や法律の制定が求められているわけである。

この本が、そのための議論の出発点となれば幸いである。志を同じくする多くの未知の仲間との出会いを求めて、この本を編集した。この本が自衛隊での人権の確立に役立つことを願っている。

最後に、裁判を支援するなかで浜松の仲間が記した詩を掲載する。

防人の妻の詩

生駒孝子

あなたは、空の防人であることを
誇りとした人だった
あなたが闘ったのは、この国の闇
いじめという名の内なる敵だった

防人を讃えよ
与えられた傷の報いも求めず
ひとり逝った魂をこそ讃えよ

国よ　防人を護れ
己が民を守るため

今宵聞こえ来るのは、三線で奏でる
あの人の古里の唄

会いたくて、会いたくて
もう会えないその笑顔

今度は私が
あなたを映す愛し子の
防人となって生きていく

自衛官人権裁判

空自北海道通信基地
セクハラ裁判
札幌地裁 2010 年勝訴
陸自真駒内駐屯地
暴行死亡事件
2010 年札幌地裁提訴
(「命の雫」裁判)
空自小松基地
暴行負傷事件
静岡地裁浜松支部
2011 年賠償・和解
陸自反町分屯地
過労死事件
仙台高裁 2010 年勝訴
陸自 37 普通科連隊・大阪
レンジャー訓練での暴行負傷事件
大阪地裁 2011 年賠償・和解
陸自東北方面通信群
いじめ自殺事件
仙台地裁 2011 年賠償・和解
海自江田島第 1 術科学校
暴行死亡事件
2010 年松山地裁提訴
陸自松本駐屯地
御殿場での訓練中死亡
公務員災害再審査請求
2010 年公務災害認定
海自江田島幹部候補生学校
暴行負傷事件
2007 年宇都宮地裁提訴
陸自朝霞駐屯地
いじめ自殺事件
前橋地裁提訴
海自横須賀「たちかぜ」
暴行自殺事件
横浜地裁 2011 年不当判決、東京高裁控訴
空自浜松基地
いじめ自殺事件
静岡地裁浜松支部
2011 年勝訴
海自佐世保「さわぎり」
いじめ自殺事件
福岡高裁 2008 年勝訴

浜松基地自衛官人権裁判を支える会
〒430-0929　浜松市中区中央一丁目6番22号SLビル4F
はままつ共同法律事務所内
自衛官人権裁判全国弁護団連絡会気付
TEL 053-454-5535　FAX 053-454-5727

自衛隊員の人権は、いま

2012年3月10日　初版第1刷発行
編　者＊浜松基地自衛官人権裁判を支える会
装　幀＊後藤トシノブ
発行人＊松田健二
発行所＊株式会社社会評論社
東京都文京区本郷2-3-10　tel.03-3814-3861/fax.03-3818-2808
http://www.shahyo.com/
印刷・製本＊株式会社倉敷印刷